3～5岁儿童
成长餐制作攻略

陈国濠 编著

浙江科学技术出版社

图书在版编目（CIP）数据

3～5岁儿童成长餐制作攻略/陈国濠编著.—杭州：
浙江科学技术出版社,2017.8

ISBN 978-7-5341-7651-7

Ⅰ.①3… Ⅱ.①陈… Ⅲ.①儿童-食谱 Ⅳ.
①TS972.162

中国版本图书馆 CIP 数据核字 (2017) 第 124514 号

书　　名：3～5岁儿童成长餐制作攻略
编　　著：陈国濠

出版发行：浙江科学技术出版社

　　　　　杭州市体育场路 347 号　邮政编码：310006

　　　　　办公室电话：0571-85176593

　　　　　销售部电话：0571-85062597　0571-85058048

　　　　　网址：www.zkpress.com

　　　　　E-mail：zkpress@zkpress.com

印　　刷：广州培基印刷镭射分色有限公司

开　　本：710×1000　1/16　　　　　印　张：10

字　　数：200 千字

版　　次：2017 年 8 月第 1 版　　　　印　次：2017 年 8 月第 1 次印刷

书　　号：ISBN 978-7-5341-7651-7　　定　价：29.80 元

责任编辑：王巧玲　仝　林　　　　责任校对：赵　艳
责任美编：金　晖　　　　　　　　责任印务：田　文
特约编辑：田海维

前言 preface

妈咪用心做，宝宝胃口好

　　孩子是每个家庭的希望，谁都希望自己的孩子能健康成长。让孩子在日常饮食中吃好、喝好，全面吸收各种营养，避免孩子在成长过程中出现偏食、厌食等现象，想来是我们每一位家长的心愿吧。

　　本套0~5岁婴幼儿营养菜谱共有3本，分别为《0~1岁婴儿辅食添加攻略》《1~3岁幼儿营养餐搭配攻略》《3~5岁儿童成长餐制作攻略》。以孩子科学饮食为主题，给家长以详尽、细致、暖心的指导，让我们的孩子在起跑线上就加足能量。

　　《0~1岁婴儿辅食添加攻略》：宝宝从满4个月起，就要添加辅食了。怎样为宝宝科学、合理地添加营养辅食，怎样制作营养均衡的断奶餐，以及宝宝各个月龄所需要的喂养指南和食谱，均可在这本书里找到答案。

　　《1~3岁幼儿营养餐搭配攻略》：1~3岁幼儿的生长发育非常旺盛，生理功能日趋完善，所以应特别注意饮食营养和保健。这本书根据1~3岁幼儿的年龄特点

和生长发育规律，教我们科学搭配食物，制作营养配餐。

　　《3~5岁儿童成长餐制作攻略》：3岁以上的小孩生长发育更加迅速，所选用的食物基本上与成人接近。为了满足孩子所需的热量及平衡各种营养素，食谱的烹调方法也要千变万化。食谱的品种要多样化，应时常将各类品种更换或交替配搭，培养孩子从小不拣饮择食、不偏食的习惯，让他们吸收多种营养，健康地成长！

　　本套食谱不只是一套简单的食谱，它还提供了深入浅出的儿童营养学知识和喂养的各种窍门。全书图文并茂，实用易学，帮助妈妈有针对性地给孩子补充营养。

　　妈咪用心做，宝宝胃口好。有了这套书的帮助，你也可以烹制出色、香、味俱佳的健康营养美食，让宝宝吃出营养，吃出健康！让爱不停歇！

目 录

PART ①

儿童营养膳食指南

baby food

3～5岁儿童的
饮食特点和膳食原则

3～5岁儿童的饮食营养特点

3～5岁儿童的身体生长发育较迅速，四肢增长较快，头围逐渐接近成人，5岁左右时乳牙开始脱落，恒牙开始萌生，消化功能日趋成熟，代谢旺盛，对营养物质的需求要比成人大。因此，膳食方面应注意各种营养物质全面和荤素合理搭配，多提供富含蛋白质、钙、铁和维生素的食物。

3～5岁儿童的食物以谷类食物为主，食物种类与成人食物种类逐渐接近，直至膳食与成人基本相同。这个时期主食的摄取量较成人相对少，各种天然食物都可选用，但还不宜多食刺激性食物。膳食安排应注意营养平衡，食物花色品种多样，荤素搭配，粗细粮交替，适当吃些粗粮是非常有益于健康的。烹调时还需讲究色香味和软硬适中，这样才易引起孩子的兴趣并让他接受。一些"补品"不宜列入孩子的食谱。平衡膳食就是要选用对孩子有益的天然滋补食物。

父母应指导孩子养成进食时不需成人照顾的好习惯，定时、定点、定量进食，注意饮食卫生，并尽量让孩子有挑选食物的自由，使其对食物充满兴趣。零食要控制，可提供少量零食，例如在午睡后，给孩子食用少量有营养的点心或汤水。避免孩子养成吃零食、挑食、偏食或暴饮暴食等坏习惯。孩子进入幼儿园后，活动能力进一步加大，这时食物的分量要增加，并引导孩子养成良好的卫生习惯。

这个时期还需避免孩子过胖、超重，如果有这种倾向，可能是因为偏食含脂肪过多的食物或是运动过少造成的，应作适当调整，着重改变不良的饮食行为。

另外，在有条件的时候，可以让孩子和其他小朋友共同进食，这样有相互促进食欲的作用。

3～5岁儿童的膳食营养原则

3～5岁儿童的膳食安排，除了遵循幼儿时期的膳食原则外，还应注意营养配餐，给予的食物分量要增加，家长可提前了解一下各种食物中主要含什么营养素，均衡选择搭配食物，进行合理烹调。可多选用含钙丰富的牛奶、虾皮、鱼类、芝麻酱等食品，让孩子和大人一起正常用餐。

3～5岁儿童膳食安排的总原则是均衡营养及适合生理、心理特点。首先，膳食要能满足生长发育所需的一切，比如动物性及豆类蛋白质不少于蛋白质总量的50%。其次，各餐的间隔时间及食物数量的分配应合理，掌握每日膳食总量的分配原则。一般两餐之间的间隔以3.5～4小时为宜，晚餐宜清淡，早、午餐食物要充足。按照早、中、晚3：4：3的比例和适量加餐的原则，早餐占20%～25%，加餐 5%；午餐占 30% ~ 35%，加餐 5% ~ 10%；晚餐占 25%，加餐 5%。每日膳食中应有一定量的牛奶或相应的乳制品，以及适量的畜肉、禽肉、鱼、蛋、豆类及豆制品，以供给优质蛋白质。

为解决矿物质和维生素的不足，应注意新鲜蔬菜和水果的摄入，还建议每周进食一次富含铁的动物肝或动物血，每周进食一次富含碘、锌的海产品。纯能量（食糖等）及油脂含量高的食物尽量少吃。这时的主食由软饭逐渐转变成普通米饭、面食等。

这些食物在膳食安排时应注意：花生、杏仁、栗子等整粒的坚果应煮至熟烂或者磨碎、制浆后再吃；带刺的鱼、带骨的肉、带壳的虾蟹，应将刺、骨、壳去除干净后再给孩子吃。含咖啡因、酒精等刺激性物质的饮品和食物，如可乐、浓茶、咖啡、辣椒等，3 ~ 5 岁儿童均不宜食用。

还有，为了预防孩子偏食、挑食，食物品种要多样化，不要只吃单一食品或孩子爱吃什么就吃什么，同时，在膳食的安排上家长也要以身作则，树立好的榜样。

3 ~ 5 岁儿童的膳食指南

3 ~ 5 岁的儿童与婴幼儿时期相比，生长发育的速度略有下降，但仍处于一个较高的水平，对营养的需要量仍相对较高。因此，绝对不能放松对宝宝的膳食营养安排。总体来说，这个时期容易缺乏的营养素有钙、铁、维生素 A、维生素 B_1、维生素 B_2、维生素 D 等，妈妈要注意食物的搭配和膳食安排。另外，3 ~ 5 岁儿童的生活自理能力、主动性和好奇心加强，对食物的选择有了一定的自主性，易出现偏食、挑食、不专心用餐或用餐时间延长等情况，从而导致进食量不足，进而引起消化吸收紊乱、营养不良等问题。家长应特别注意对膳食结构的调整和改进，适时给予孩子正确的引导，定时、定点、定量用餐，帮助他养成良好的饮食习惯，摄取均衡的膳食营养。

食物多样化，以谷类为主

食物的品种应丰富，3 ~ 5 岁儿童的膳食必须多样化，多种食物的平衡组合才能满足其健康发育的营养需要。

3 ~ 5 岁儿童的主食应以谷类食物为主，它是人体能量的主要来源，可为儿童提供碳水化合物、蛋白质、膳食纤维和 B 族维生素、维生素 E 等营养。但在配餐中要注意粗粮和细粮的合理搭配，适当加入一些粗粮，这样才更营养、更健康。

多吃蔬菜和水果

新鲜的蔬菜和水果是各种维生素、矿物质和膳食纤维的主要来源，应鼓励 3 ~ 5 岁儿童多吃蔬菜和水果，可多选择菜花、小白菜、芹菜、胡萝卜、黄瓜、番茄、豌豆、土豆、香蕉、葡萄、苹果、梨、西瓜、哈密瓜等。在为3～5岁儿童准备膳食时，为了引起其对蔬菜和水果的兴趣，最好将蔬菜和水果切小，这样有利于孩子咀嚼吞咽。还要注重蔬果的品种、颜色和口味的变换。另外，要注意蔬菜和水果不宜相互代替，更不宜用市场购买的果汁饮品代替水果。

经常吃动物性食物

动物性食物是优质蛋白质、脂溶性维生素和矿物质的良好来源，包括鱼、禽、蛋、瘦肉等，应给3～5岁儿童经常适量地吃这些食物。动物蛋白的氨基酸组成更符合人体的需要，且赖氨酸含量较高，有利于弥补植物蛋白质中赖氨酸的不足。肉类食物中所含的有机铁的吸收率、利用率较高；鱼类（特别是海产鱼）所含的不饱和脂肪酸有利于儿童神经系统和视力的健康发育。

保证奶类及乳制品、豆制品的摄取

奶类是天然钙质和优质蛋白的极佳来源，其各种营养成分齐全、组成比例适宜、营养价值高，易被人体吸收，是儿童理想的钙的来源。每日喝300～600毫升牛奶，可保证3～5岁儿童对钙的摄入达到适宜的水平。

豆类和豆制品中含有丰富的优质植物蛋白质、不饱和脂肪酸、钙及B族维生素等营养，尤其是大豆和黑豆的营养更为突出。为提高3～5岁儿童对蛋白质的摄取量，可让其适当食用豆腐、豆浆、豆芽或豆皮等豆类食品。

膳食宜清淡

3～5岁儿童的消化系统较敏感，为了避免干扰或影响孩子对食物自然味道的感知和判断，保护其消化系统，在安排膳食和烹调食物时还应注意清淡、少盐、少油脂，尽量避免辛辣等刺激性物质和过多调味品，尽可能保持食物的原汁原味，让孩子接触食物的自然风味。清淡的饮食可保护儿童敏感的消化系统，避免干扰或影响儿童对食物本身的感知、喜好及对食物的正确选择，以保证膳食多样化的实现，预防偏食或挑食的不良饮食习惯。

另外，注意多饮水，以喝白开水为好，不喝或少喝饮料，尤其是高糖类、碳酸类饮品。

合理安排零食

零食是3～5岁儿童饮食中的重要内容，主要是一日三餐、两顿点心之外所添加的食物，以此来补充能量和营养不足。选择零食要考虑品种、进食量和进食时间，建议多选用营养丰富、新鲜、天然、易消化的食物，如奶类、果蔬类、坚果类食物。面包、蛋糕、饼干等亦可选用，但不宜多。另外，不要给孩子多喝含糖量高的饮料，以防影响食欲，诱发龋齿。

培养孩子良好的饮食习惯

3～5岁是培养儿童良好饮食习惯的最重要、最关键阶段，不良的饮食行为会影响孩子的营养摄取，从而诱发营养不良、发育迟缓，或者导致肥胖等。以下是培养孩子饮食习惯的一些要点，须加以注意。

■合理安排饮食，饮食的供应力求平衡，营养素应按比例分配在一日三餐中，另加1～2次点心，定时、定点、定量用餐。

■饭前不吃糖果、不饮汽水等零食和饮料，以免影响正餐。

■饭前洗手，饭后漱口，吃饭前不做剧烈运动。

■养成自己吃饭的习惯，让孩子正确使用筷、匙，既可增加进食的兴趣，又能培养孩子的自信心和独立能力。

■吃饭时要专心，不要边看电视边吃或边玩边吃。应细嚼慢咽，但也不能拖延时间，最好能在30分钟内吃完。

■不要一次给孩子盛太多的饭菜，先少盛，吃完后再添，以免养成剩菜、剩饭的习惯。

■不要吃一口饭喝一口水或经常吃汤泡饭，这样容易稀释消化液，影响消化与吸收。

■不挑食、不偏食，在许可范围内让孩子自己选择食物。

■不要将食物或买玩具作为对孩子的奖励手段，避免孩子对某种食物产生偏好，或使孩子把吃饭作为一种负担。

■注意儿童进餐卫生，包括进餐环境、餐具和供餐者的健康与卫生状况。

幼儿园集体用餐要提倡分餐制，减少疾病传染的机会。不要食用或者饮用生的（未经高温消毒过的）牛奶和未煮熟的豆浆，不要吃生鸡蛋和未熟的肉类加工食品，不吃污染变质和不卫生的食物。总之，家长在日常生活中如能以身作则、言传身教，就能帮助孩子从小养成健康的饮食习惯。

土豆营养沙拉

食 材

土豆 150 克, 胡萝卜 100 克, 西蓝花 60 克, 熟玉米粒 20 克, 鸡蛋 1 个, 千岛酱、酸奶各适量。

妈咪巧手做:

1.将西蓝花洗净,切成小朵,下入沸水锅中煮熟;土豆、胡萝卜分别去皮,洗净后切成小块,下入沸水锅中煮熟,捞起沥干。

2.将鸡蛋煮熟,过凉后去壳,将蛋白、蛋黄分别切成丁。

3.将西蓝花、土豆块、胡萝卜块、熟玉米粒、蛋白丁、蛋黄丁一同装入碗中,加入千岛酱、酸奶,拌匀即可。

宝贝营养指南:

　　土豆是一种粮菜兼用型的蔬菜,低热能、高蛋白,含有多种维生素和微量元素,常食对消化不良有特效,是胃和心脏的优质保健食物。本成长餐用土豆搭配营养丰富的胡萝卜、玉米和西蓝花,营养均衡,很适合 3～5 岁儿童食用。

食材

生菜叶 2 片，黄瓜 100 克，苹果 100 克，柳橙 1/4 个，熟香芋 60 克，圣女果 5 颗，熟金枪鱼 30 克，千岛酱、酸奶各适量。

什锦果蔬沙拉

妈咪巧手做：

1. 把黄瓜、苹果、柳橙都去皮，切成小块；圣女果切成小瓣；熟香芋切成丁。

2. 把生菜叶铺在盘底，依次放入黄瓜块、苹果块、柳橙块、圣女果、熟香芋丁、熟金枪鱼，淋上千岛酱、酸奶拌匀即可。

宝贝营养指南：

金枪鱼富含不饱和脂肪酸、DHA（二十二碳六烯酸，俗称"脑黄金"），氨基酸种类齐全，还含铁、钾、钙、碘等多种矿物质元素，有利于中枢神经系统的健康发育。再搭配多种蔬菜和水果，口味、营养都十分丰富。

食 材

草莓 100 克，柚子 150 克，
酸奶 150 毫升，蜂蜜适量。

食 材

黑豆奶 200 毫升，南瓜 150 克，
白砂糖少许。

草莓奶酪

妈咪巧手做：

1. 将柚子去皮，切成丁；草莓洗净，每个切成两半。

2. 将切好的草莓、柚子一同放入盘中。

3. 先加酸奶拌匀，再加入蜂蜜拌匀即可。

宝贝营养指南：

　　草莓富含果胶和膳食纤维，能改善胃肠道功能，帮助消化，对便秘和贫血有一定的改善作用。加上富含维生素 C 和 B 族维生素的柚子，以及酸奶、蜂蜜组合，作为水果点心，可补充全面的营养。

豆奶南瓜球

妈咪巧手做：

1. 将南瓜去瓤，削去皮，洗净，放入蒸锅中蒸软，再用挖球器挖成圆球，放入沸水锅中煮熟，捞起。

2. 将黑豆奶入锅，置火上，放入南瓜球以小火煮开，加入白砂糖稍煮即可。

宝贝营养指南：

　　此品可作为加餐给宝宝食用。黑豆奶含有丰富的植物蛋白质及较多的微量元素"镁"，对提升儿童的抗病能力十分有益；南瓜富含维生素和果胶，有助于消除体内的细菌毒素和其他有害物质，可保护胃黏膜，助消化。需要注意的是，豆奶只可作为补充食品，不宜长期大量让儿童饮用，更不可用来代替牛奶。

食材

鲜虾仁 50 克，鸡蛋 2 个，鲜
香菇 2 朵，香油 5 毫升，葱花、
食盐、淀粉各少许。

食材

鸡蛋 2 个，土豆 1 个，香菇
粒 30 克，玉米粒 30 克，食盐、
葱花、火腿末、香油各少许。

虾仁蒸蛋

玉米球蒸蛋

妈咪巧手做：

1. 将鲜虾仁挑除泥肠后洗净，沥干水分，加入
食盐、淀粉拌匀；鲜香菇择洗干净，切成小薄片。

2. 将鸡蛋打入碗内搅匀，加入虾仁、香菇片，
再加少许食盐和适量水调匀，淋入香油，上笼
蒸 10 分钟至嫩熟，撒上葱花即可。

宝贝营养指南：

　　香菇和虾仁的营养十分全面，都是补充锌
的良好食物来源，同富含 DHA 和卵磷脂、维
生素 B$_2$ 的鸡蛋搭配，营养互为补充，更可促进
幼儿生长发育。

妈咪巧手做：

1. 将鸡蛋磕入碗中打散，加少许水和食盐调匀，
倒入蒸盘内。

2. 将土豆洗净后蒸熟，去皮后趁热碾压成泥，
加入玉米粒、香菇粒、食盐、香油充分拌匀，
搓揉成若干小丸子。

3. 将盛鸡蛋液的蒸盘上锅蒸至蛋液快凝固时，
马上放入做好的土豆玉米丸子，撒上火腿末、
葱花，继续蒸至熟透即可。

宝贝营养指南：

　　香菇所含的营养全面，铁和锌含量都较高，
鸡蛋亦是如此。本道食物搭配巧妙，可促进食
欲，帮助消化，有调中开胃、滋补肝肾、补血
健脑的功效。

鸡蛋蒸牛肉

食 材

嫩牛肉60克，鸡蛋2个，料酒1小匙，姜汁、葱花、食盐、酱油各少许。

妈咪巧手做：

1. 将牛肉洗净，切成小薄片，加入食盐、料酒、酱油、姜汁拌匀。

2. 将鸡蛋磕入碗中搅匀，加入适量凉开水再搅匀，然后加入牛肉片、葱花。

3. 将调好的鸡蛋、牛肉放入蒸锅，蒸至嫩熟即可。注意不要蒸老。

宝贝营养指南：

　　给孩子吃的牛肉一定要是最嫩的部分。还可适当加入一些切碎的蔬菜。牛肉的蛋白质十分接近人体需要，铁、锌、磷含量也高，而鸡蛋营养全面，更是健脑、益智的良好食物。

蛋包番茄

食 材

鸡蛋3个，番茄150克，洋葱末15克，黄油20克，牛奶50毫升，植物油适量，淀粉、食盐各少许。

妈咪巧手做：

1. 将鸡蛋打入碗中，加入食盐、牛奶、淀粉搅成糊状；番茄洗净，用开水烫一下，剥皮，切成小丁。

2. 炒锅中放入黄油烧热，放入洋葱末炒至微黄，加入番茄丁和少许食盐炒透，盛出。

3. 煎锅烧热植物油，倒入适量鸡蛋糊，煎成薄蛋饼，放上一些炒好的番茄、洋葱，把蛋饼叠起包成半圆形，煎至两面金黄时即成。

宝贝营养指南：

此做法重新诠释了"番茄炒鸡蛋"，美味新鲜，含有优质蛋白质、全面的维生素、矿物质及卵磷脂，可增进食欲、预防偏食，促进神经系统健康发育，提高儿童身体的免疫力。

食 材

鸡蛋 2 个、甜杏仁 20 克，食盐、淀粉各少许，花生油适量。

杏仁蛋饼

妈咪巧手做：

1. 将鸡蛋打入碗中搅匀；甜杏仁切成碎粒，和食盐、淀粉一起放入鸡蛋液中搅匀。

2. 锅内放入花生油烧热，倒入调好的鸡蛋液，轻轻转动锅使鸡蛋液均匀摊开，待定型后翻面，煎熟即可。

宝贝营养指南：

　　甜杏仁偏于滋润，有一定的补肺、润肺作用，能够降低人体内胆固醇的含量，止咳祛痰，润肠通便。适量食用还有美容护肤的功效，能促进皮肤微循环，使皮肤红润有光泽。但杏仁不宜与板栗、猪肉、小米等食物同食。

食 材

豆腐皮 60 克、鹌鹑蛋 100 克，鲜香菇 15 克、火腿末 20 克，葱花、姜末各 5 克，植物油适量，食盐、鸡汁各少许。

腐皮鹌鹑蛋

妈咪巧手做：

1. 将豆腐皮撕成碎片，洒上少许温水润湿回软，用开水焯一下；鹌鹑蛋打入碗内，调成蛋液；鲜香菇去蒂洗净，切成细条。

2. 锅置火上，放入植物油烧至七成热，用葱花、姜末炝锅，爆出香味，倒入鹌鹑蛋液炒至凝结，加少许水煮开。

3. 放入豆腐皮、火腿末、香菇条煮一下，加入食盐，用中火焖烧 2 分钟，再调入鸡汁即可。

宝贝营养指南：

　　鹌鹑蛋的营养价值高于鸡蛋，可补气益血、强筋壮骨、健脑益智、嫩肌润肤。由于其个小、口味好，所以搭配其他食物烹调，不仅营养更为全面，还能促进食欲，增加孩子的进食兴趣。

食 材

牛肉（夹心肉）250 克，土豆 1 个，豆瓣酱、番茄酱、烤肉酱、黑胡椒和孜然粉少许。

食 材

鹌鹑蛋 8 个，银耳 10 克，木耳 10 克，香菇片 20 克，桂圆肉 20 克，湿淀粉、白砂糖各适量。

回锅牛肉土豆

妈咪巧手做：

1. 将牛肉（夹心肉）洗净，切片。

2. 将土豆洗净，去皮，切成小丁。

3. 把土豆放入油锅煎炸熟，然后用滤勺捞出待用。

4. 继续使用炸土豆的热油，先往锅里放入一小勺豆瓣酱炒一下，再放入牛肉片，翻炒半分钟左右。

5. 向锅里挤入适量番茄酱和烤肉酱，撒上少许胡椒和孜然粉，继续翻炒半分钟左右。

6. 放入炸土豆丁，迅速翻炒 20 秒左右，待闻到浓郁的炸土豆香味时，即可装盘食用。

宝贝营养指南：

　　牛肉对人来说是一种很有营养的食物，牛肉中丰富的蛋白质十分符合人体的需要，铁、锌、磷含量也较高，适当多吃些牛肉对防止儿童发生缺铁性贫血很有帮助。用回锅的方法做，会让牛肉、土豆更为软烂，容易消化。

四鲜鹌鹑蛋羹

妈咪巧手做：

1. 将银耳、木耳用水泡发，择洗干净，撕成小朵；鹌鹑蛋煮熟，过凉开水后去壳。

2. 锅置火上，放入适量清水，加入桂圆肉、银耳、木耳、香菇片烧片刻，再放入鹌鹑蛋，用湿淀粉勾芡后再稍煮即成。盛起后调入白砂糖搅匀。

宝贝营养指南：

　　本羹中各类食材都有良好的养血补脑作用，特别是鹌鹑蛋和香菇搭配，富含钙、铁、磷、卵磷脂、脑磷脂等营养，补脑健脑、调理虚弱的作用十分突出，对儿童发展智力、加强体质有益。

虾仁豆腐

食材

嫩豆腐150克，鲜虾仁60克，鸡蛋1个，鸡汤（或肉汤）半杯，食盐、儿童酱油、湿淀粉各少许，植物油适量。

妈咪巧手做：

1. 将鲜虾仁挑去泥肠，洗净后沥干水分，切成丁；鸡蛋磕入碗中搅打成蛋液。

2. 将嫩豆腐放入沸水中焯一下，捞起切成小块。

3. 锅内放入植物油烧热，放入豆腐块炒两下，加入鸡汤、食盐、儿童酱油煮沸，下入虾仁丁煮熟，用湿淀粉勾芡，再淋入鸡蛋液拌匀，稍煮即成。

宝贝营养指南：

　　3～5岁的孩子身体发育迅速，要多提供含丰富蛋白质、钙、铁和足量维生素的食物，此菜是很好的选择，对促进食欲也很有帮助。虾肉蛋白质含量高，脂肪少，还含有丰富的矿物质及维生素A、维生素D等成分，对促进骨骼发育和保护心血管系统都十分有益。

鱼丸烧豆腐

食材

鲜鱼肉200克，豆腐100克，四季豆50克，葱花、酱油、姜末、花生油、香油各少许。

妈咪巧手做：

1. 将鲜鱼肉去净刺，剁成鱼泥，加食盐、姜末、香油拌匀。

2. 将豆腐洗净，切成小方块，用开水烫一下；四季豆洗净，切成丁。

3. 炒锅中放入花生油烧热，爆香姜末，加入食盐、酱油和适量水煮开，将鱼肉泥挤成鱼丸下入锅内，再放入豆腐块、四季豆丁，烧至鱼丸熟时装碗；汤里加入葱花、香油烧开，起锅浇在鱼丸豆腐上。

宝贝营养指南：

　　鱼肉做成小鱼丸，与豆腐、蔬菜组合，营养互补，能增进孩子的食欲，有很好的促进大脑发育和益智的作用。

食材

豆腐 2 块，鲜香菇 10 朵，芹菜末 20 克，胡萝卜末 30 克，鸡蛋 1 个，食盐、白胡椒粉、鸡汁、香油、淀粉、湿淀粉各少许。

食材

鸡腿 300 克，洋葱片、番茄片各 60 克，鸡蛋 1 个，生菜叶 30 克，面粉 5 克，番茄汁、植物油各适量，食盐、白砂糖、姜粉各少许。

香菇酿豆腐

妈咪巧手做：

1. 将鲜香菇去蒂洗净，在内部撒上少许食盐和白胡椒粉，放置 5 分钟，再撒上一层淀粉；鸡蛋磕入碗中打成蛋液。

2. 将豆腐焯水后沥干，压磨成泥，加入蛋液、食盐、鸡汁和香油，搅拌均匀，酿入鲜香菇内，再撒上芹菜末和胡萝卜末，装盘，入锅蒸熟。

3. 把香菇蒸出的原汁倒入锅内，用湿淀粉勾芡，淋在香菇豆腐上即可。

西式茄汁鸡腿

妈咪巧手做：

1. 将鸡腿洗净，剁成小块，放入碗中，加鸡蛋、食盐、白砂糖、姜粉、面粉拌匀，腌渍 10 分钟；生菜叶用开水烫后铺盘。

2. 将鸡腿块下入热油锅内用中火煎熟，捞出沥油后放在生菜叶上。

3. 锅内烧热少许植物油，下洋葱片、番茄片炒香，加食盐、番茄汁炒匀，盖在鸡腿块上。

宝贝营养指南：

此菜色、香、味俱佳，可促进食欲。营养全面，可补肝肾、健脾胃、益智安神，对儿童骨骼生长、增进脑力有良好的作用。

宝贝营养指南：

鸡腿肉含较多铁质和 B 族维生素，其蛋白质易被人体吸收利用，可改善缺铁性贫血，增强体力。加上富含维生素的洋葱和番茄，有益于增强细胞活力和代谢能力。

食 材

去骨鸭肉200克，鸡蛋1个，葱末、姜末、料酒、酱油、食盐、白砂糖各少许，花生油、面粉、淀粉各适量。

食 材

猪肋排500克，鸡蛋1个，面包糠60克，胡椒粉、食盐各少许，料酒、植物油各适量。

软炸鸭条

妈咪巧手做：

1. 将鸭肉洗净，去皮，切成小条。

2. 将鸡蛋打入碗内搅散，加入淀粉、面粉、葱末、姜末、料酒、酱油、食盐、白砂糖和少许水拌匀，放入鸭肉条裹匀蛋面糊并腌渍15分钟。

3. 锅中放入花生油烧热，下入鸭肉条拨散，并不断翻动，炸至熟时装盘。

宝贝营养指南：

　　鸭肉易消化，所含的B族维生素和维生素E较多，能有效抵抗脚气病、神经炎和多种炎症，对体弱、便秘有良好的调理功效。但是，胃部冷痛、腹泻清稀的孩子不宜吃鸭肉。

香炸排骨

妈咪巧手做：

1. 将猪肋排剁成小块，洗净；鸡蛋磕入碗内搅散。

2. 把排骨放入碗内，加入鸡蛋液、食盐、料酒、胡椒粉、面包糠裹匀。

3. 植物油入锅烧热，逐一下入排骨，以中火炸至熟透，沥油后装盘。

宝贝营养指南：

　　猪排骨可提供人体生理活动必需的优质蛋白质、脂肪，尤其是丰富的钙质有利于维护骨骼健康。制作本菜时要注意选用骨架小的嫩排骨，块一定要切得小一些。猪排骨切不可用热水清洗，否则会使营养流失，并影响口味。

桂花猪肉

食 材

猪里脊肉 100 克，
鸡蛋 3 个，花生油
30 毫升，食盐、胡
椒粉、葱花、姜丝
各少许。

妈咪巧手做：

1. 将猪里脊肉洗净，切成小细丝。

2. 将鸡蛋磕入碗内，加入葱花、姜丝、食盐、胡椒粉打匀，
再加入猪里脊肉丝拌匀。

3. 炒锅内倒入花生油烧热，倒入拌好的鸡蛋肉丝，煸炒至熟
即可。

宝贝营养指南：

　　猪里脊肉较嫩，易消化，含有人体生长发育所需的优质蛋
白质、脂肪、维生素等，最宜补气血、强体力。另外，在处理
里脊肉时，一定要先除去筋和膜，否则会影响口感。

食材

白萝卜1个，鸡蛋1个，火腿肠100克，海米20克，面粉50克，姜、葱、香菜、味精、胡椒粉、花生油各适量。

煎萝卜饼

妈咪巧手做：

1. 将白萝卜削皮洗净，切成小细丝，放入碗内，加面粉、味精；火腿肠切成小丁，海米、姜、葱、香菜全部切碎。

2. 鸡蛋磕入碗内，加入切碎的葱、姜、香菜，与食盐、胡椒粉打匀，再加入火腿碎丁、海米碎末拌匀。

3. 将白萝卜丝倒入鸡蛋碗内，拌匀后做成一个个小圆饼。

4. 煎锅内倒入花生油烧热，放入白萝卜丝圆饼，改用中火煎，将一面煎成黄色，翻身再煎另一面，待饼熟透，溢出香味时，盛入盘内即可上桌。

宝贝营养指南：

白萝卜含有丰富的维生素 A、维生素 C、淀粉酶、氧化酶、锰等元素。另外，所含的糖化酶素，可以分解其他食物中的致癌物"亚硝胺"，从而起到抗癌作用。对于胸闷气喘、食欲减退、咳嗽痰多等症有食疗作用。

食 材

荸荠 200 克，猪肉末 200 克，
1 个鸡蛋的蛋清，淀粉 20 克，
葱末、姜末、食盐、植物油
各少许，鸡汤适量。

食 材

猪瘦肉 300 克，蒜蓉 30 克，
葱花 10 克，鸡蛋 1 个，酱油、
食盐、淀粉、香油各少许。

夹心荸荠

妈咪巧手做：

1. 将荸荠去皮、洗净，每个切成 3 ~ 4 片；猪
肉末中加入鸡蛋清、食盐、葱末、姜末、植物
油拌成馅儿，挤成与荸荠片大小相仿的丸子。

2. 给荸荠片沾上淀粉，每两片中间夹一个丸子，
按扁即成夹心荸荠。

3. 把夹心荸荠放入蒸盘，蒸熟；鸡汤烧开，加
入少许食盐调味，用剩余的淀粉调汁勾芡，起
锅浇在蒸好的夹心荸荠上。

宝贝营养指南：

　　荸荠的含磷量是根茎类蔬菜中较高的，能
促进生长发育和维持生理功能，食之对牙齿、
骨骼的健康发育大有好处，同时可促进体内的
糖、脂肪、蛋白质的代谢，有利于调节身体的
酸碱平衡，还可解毒利尿、消食通便，适宜儿
童食用。

蒜香蒸肉饼

妈咪巧手做：

1. 将猪肉洗净，先切成丁，再剁成肉泥。

2. 将猪肉泥放入碗内，打入鸡蛋，加入蒜蓉、
葱花、酱油、食盐、淀粉、香油，顺同一个方
向搅拌至肉馅黏稠。

3. 将搅拌好的肉馅均匀地铺入蒸盘并制成饼
状，放入锅内隔水蒸熟，稍凉后切成三角块
即可。

宝贝营养指南：

　　大蒜含有丰富的大蒜素，有良好的杀菌抗
病毒和增进食欲的功效，对病原菌或寄生虫都
有良好的杀灭作用。把蒜蓉加入猪肉中同烹，
还有助于补肝血、强筋骨、补脑力。

食 材

丝瓜 500 克，虾肉末 100 克，猪肉末 50 克，红甜椒粒、葱花、姜末、食盐、鲜汤、料酒、淀粉、植物油各适量。

食 材

莲藕 500 克，水发香菇 100 克，鸡蛋 1 个，面粉 50 克，淀粉、鸡汁、椒盐、香油、食盐、花生油各适量。

虾酿丝瓜

妈咪巧手做：

1. 将虾肉末和猪肉末混合，加姜末、料酒和食盐拌匀。

2. 将丝瓜削皮洗净，切成小段，一头挖空，撒上淀粉，酿入虾肉馅，下入五成热的植物油中煎至淡黄。

3. 原锅留底油，加入丝瓜段、鲜汤和少许食盐，用小火煨 5 分钟，加入葱花、红甜椒粒，继续煨至汤汁收干即可。

宝贝营养指南：

　　丝瓜中的 B 族维生素、维生素 C 含量高，搭配含蛋白质的猪肉、虾仁，营养全面，可促进孩子大脑发育，提高抗病能力。

香菇藕夹

妈咪巧手做：

1. 将莲藕刮皮后洗净，先对半切开呈半圆形，再切成夹刀薄片，加少许食盐腌一下；水发香菇去蒂，洗净，切成丁；将鸡蛋、面粉和淀粉混合，加水调成糊。

2. 锅里烧热花生油，下香菇丁煸炒，调入鸡汁、食盐、香油炒至入味，晾凉后酿入藕夹中。

3. 将藕夹裹匀蛋面糊，下入热花生油锅炸至呈淡黄色时捞出，待油温升高后再将藕夹复炸至熟，沥油盛盘，撒上椒盐即可。

宝贝营养指南：

　　此菜焦酥、香脆、可口。莲藕的药用价值高，有消炎、止血、祛咳之效，是老弱妇孺、体弱多病者的理想滋补食品。莲藕中含有丰富的蛋白质、淀粉、维生素、矿物质，其中维生素 C 和膳食纤维含量较高，而且莲藕的含铁量较高，常吃有助于防治缺铁性贫血。

香炸茄盒

食 材

茄子300克，猪瘦肉末100克，鸡蛋2个，面粉20克，花生油适量，葱末、姜末、食盐、儿童酱油各少许。

妈咪巧手做：

1. 将茄子洗净，切成厚片，再从每片中间片开，不要切断，呈开口状；鸡蛋打散，加入面粉，调成糊。

2. 在瘦肉末中加食盐、儿童酱油、葱末、姜末，拌成馅儿，酿入茄片中做成茄盒。

3. 锅内放入花生油烧至温热，将茄盒裹匀蛋面糊，逐个下入锅中，以中火炸至熟透即可。

宝贝营养指南：

　　香香的茄盒会让宝宝食欲大开。茄盒里的馅料，妈妈可灵活调配出不同口味。茄子中富含的维生素P，能维护心血管的正常功能，还有清热活血、止痛消肿的功效。

食 材

热狗肠 3 根，生菜叶
6 片，鲜香菇 20 克，
食盐、鸡汤、湿淀粉、
植物油各少许。

生菜热狗卷

妈咪巧手做：

1. 将生菜叶下入开水锅中烫熟，捞出沥干；在热狗肠表面打上花刀，抹适量植物油后入锅隔水蒸透；鲜香菇切成碎粒。

2. 以每两片生菜叶包裹 1 根热狗肠卷好，装盘待用。

3. 炒锅中放入植物油烧热，放鲜香菇粒炒香，加入食盐、鸡汤，以湿淀粉勾芡，出锅浇在生菜热狗卷上即成。

宝贝营养指南：

　　用生菜搭配热狗肠，再辅以香菇浇汁，荤素巧妙中和，减轻油腻的同时也提高了儿童对维生素等各类营养素的摄取。生菜烹调时间宜短不宜长，其含有丰富的维生素 C 和膳食纤维，对于提高儿童的免疫力和防止肥胖很有益。

食 材

食 材

猪肝 20 克，番茄 20 克，洋葱 10 克，高汤适量，食盐少许。

食 材

净虾仁 200 克，猪肉末 100 克，娃娃菜、荸荠末各 60 克，玉米笋、火腿末各 30 克，2 个鸡蛋的蛋清，葱姜汁、鸡汁各 10 毫升，食盐、湿淀粉、植物油、鸡汤各适量。

番茄煮猪肝

妈咪巧手做：

1. 将猪肝洗净，切小片；番茄用开水烫一下，剥去皮切小片；洋葱剥去外皮洗净，切碎待用。

2. 将切好的猪肝、洋葱同入锅，加入高汤以小火煮熟，再加入番茄、食盐稍煮即可。

宝贝营养指南：

猪肝中的各类营养含量比猪肉高出许多，特别是丰富的蛋白质、动物性铁和维生素 A，是营养性贫血儿童较佳的营养调养食品，可补肝、养血、明目、护肤；番茄可提供充足的维生素 C，可以促进人体对铁的吸收。此菜食材搭配合理，可防止缺铁性贫血和坏血病的发生。

玉米笋虾丸

妈咪巧手做：

1. 将虾仁剁成泥；娃娃菜洗净，烫熟后铺盘；玉米笋切成小段。

2. 将荸荠末、火腿末、虾泥和猪肉末混合，加入葱姜汁、鸡蛋清、食盐、鸡汁、湿淀粉拌成馅儿，挤成丸子，放在抹过油的盘内，插上玉米笋，上笼蒸熟后，放在娃娃菜上。

3. 锅内烧热植物油，放入鸡汤、食盐烧开，用湿淀粉勾芡，浇在虾肉丸上即可。

宝贝营养指南：

滑嫩鲜香、美味可口的丸子会让儿童特别有食欲。荤素搭配，各种营养物质丰富，可提供优质蛋白质、维生素 D 和铁、钙、磷等，其中虾仁、玉米笋、娃娃菜都含有丰富的钙，且营养搭配更利于吸收。

食材

净虾仁 200 克，鸡蛋 2 个，面粉 250 克，火腿粒、香菇粒各 25 克，葱花、香油、食盐各少许，植物油适量。

食材

鲜贝 150 克，番茄 100 克，洋葱末 20 克，鸡蛋 1 个，番茄酱 15 克，食盐、白砂糖、酱油、湿淀粉各少许，植物油适量。

炸虾盒

妈咪巧手做：

1. 在面粉中加 1 个鸡蛋、白砂糖和少许水，和好后擀成薄面皮，切成方块；将另一个鸡蛋打成蛋液。

2. 锅内烧热植物油，下入火腿粒、香菇粒和虾仁滑炒，加食盐、香油和葱花炒熟作馅儿，铺在面皮上，包成虾盒生坯，放入冰箱冷藏一下。

3. 给虾盒生坯沾上干面粉，裹上鸡蛋液，下入烧热植物油的锅中煎熟即可。

宝贝营养指南：

虾盒酥香适口，可作为点心和配菜给孩子食用。3 岁后的儿童对食物选择的自主性增强，易出现偏食、挑食，需注意孩子的膳食搭配及烹调方法的调整。

番茄炒鲜贝

妈咪巧手做：

1. 将鲜贝洗净后控干水分；番茄去皮，切成丁；鸡蛋磕入碗内，加入食盐搅匀。

2. 将鲜贝放入蛋液中拌匀，下入烧热的油锅内稍炸一下，捞出沥油。

3. 原锅留少许底油烧热，爆香洋葱末，加入番茄丁，调入白砂糖、酱油、食盐炒匀，放入番茄酱和鲜贝炒熟，用湿淀粉勾芡后翻匀即可。

宝贝营养指南：

番茄含有丰富的 B 族维生素、维生素 C、维生素 P 等营养成分，还含有抗氧化作用的番茄红素。鲜贝等水产品富含多种人体必需的矿物质和优质蛋白质。此菜对促进孩子的营养全面摄取和保持聪明活泼有一定帮助。

香酥海带

食 材

水发海带丝 250 克，酥炸糊 200 克，香菇丝 20 克，姜丝 5 克，食盐、鸡汁、椒盐各少许，植物油适量。

妈咪巧手做：

1.海带丝煮软，剪短装碗，加入姜丝、香菇丝拌匀，调入食盐、鸡汁腌渍入味。

2.锅中放植物油烧至五成热，抓一小把海带丝，裹上酥炸糊，入锅炸至定型后捞出。全部炸过后再复炸一次，趁热撒上椒盐即可。

宝贝营养指南：

　　在孩子所需的各种营养成分中，碘十分重要，海带富含碘和铁，可促进儿童新陈代谢和甲状腺的健康。

　　酥炸糊可用鸡蛋加淀粉调制。

清炒百合黄瓜

食 材

鲜百合 100 克，黄瓜 200 克，植物油适量，食盐、鸡汁、姜蓉各少许。

妈咪巧手做：

1. 将鲜百合择洗干净，掰散；黄瓜洗净，切成薄片。

2. 锅中放入植物油烧热，炒香姜蓉，放入鲜百合瓣及黄瓜片炒至六成熟。

3. 加入食盐续炒至九成熟，再加入鸡汁炒匀即可。

宝贝营养指南：

　　百合含磷和淀粉量较高，还含有秋水仙碱等多种生物碱和人体必需的各种氨基酸及维生素。与黄瓜相配，口味清甜，营养互补，有利于促进儿童生长发育，调理身体。

食 材

南瓜 300 克，卷心菜叶 100 克，鲜牛奶适量，食盐少许。

食 材

净鱼肉 200 克，油菜心 100 克，鸡蛋 1 个，料酒 10 毫升，鸡汁、葱末、姜汁、食盐、香油、淀粉各少许，高汤适量。

鲜奶南瓜蔬菜浓汤

妈咪巧手做：

1. 将南瓜去皮、瓤，洗净后切小丁，煮熟后沥干。

2. 将南瓜块倒入果汁机中，加鲜牛奶和少许水打匀，然后倒入锅中。

3. 将卷心菜叶切成小块，放入牛奶南瓜汤中，以中火边煮边搅，煮至菜熟软时加入食盐调味即可。

宝贝营养指南：

　　牛奶营养全面，丰富的钙最容易被身体吸收利用，其他各种矿物质的搭配也十分合理；南瓜富含维生素 E 和 β－胡萝卜素，可明目护肝；卷心菜的维生素 C 含量高，可增进消化，提高人体免疫力。

鱼圆汤

妈咪巧手做：

1. 将净鱼肉剁成泥；油菜心择洗干净，切成段；鸡蛋取蛋清打匀。

2. 在鱼肉泥中加入鸡蛋清、淀粉、葱末、姜汁、食盐打匀。

3. 锅内添入高汤，烹入料酒烧开，将调好的鱼肉泥挤成数个丸子，下入锅中煮至八成熟，再加入油菜心煮熟，调入食盐、鸡汁、香油即可。

宝贝营养指南：

　　鱼肉嫩而不腻，开胃滋补，营养全面，做成丸子并搭配蔬菜，既平衡了营养，又增加了孩子的进食兴趣。需注意的是，这道菜的口味应做得清淡一点。

食 材

粳米50克，鲜虾仁50克，干
香菇10克，葱花5克，食盐、
香油各少许。

食 材

大米60克，干贝6粒，
鸡蛋1个，生菜叶50克，
高汤、料酒、葱花、姜片、
植物油、食盐各少许。

香菇虾仁粥

妈咪巧手做：

1. 将粳米淘洗干净；干香菇泡软，去蒂，切成小
块；虾仁挑去泥肠后洗净；将虾仁、香菇块一同
放入开水锅中稍烫一下捞出。

2. 粳米入锅，加适量水煮成粥，趁粥开时加入虾
仁、香菇块煮透，再加入葱花、食盐和香油，稍
煮即可。

宝贝营养指南：

　　粳米可提供丰富的B族维生素，有益于预防
脚气病、消除口腔炎症、促进血液循环。米粥能
补脾、和胃、益气、清肺，加上营养全面的虾仁、
香菇，还有益于补充脑力，让孩子更聪明活泼。

干贝蛋花粥

妈咪巧手做：

1. 将干贝洗净，用料酒加少许水泡软，放入
小碗，加高汤蒸烂；大米淘洗干净；生菜叶
洗净，切成丝。

2. 将大米、干贝、姜片放进粥锅，搅匀静置
10分钟，加入适量清水，用大火煮开。

3. 转小火慢煮，加入食盐和植物油，煮至米
烂粥熟时，把鸡蛋打匀慢慢倒入粥中，再加
入生菜丝和葱花，稍煮片刻即成。

宝贝营养指南：

　　此粥软滑、鲜香。干贝富含蛋白质、
碳水化合物、B族维生素和钙、磷、铁等
营养物质，加入粥中，适合脾胃虚弱、气
血不足、营养不良的儿童食用。

五彩虾仁饭

食 材

大米60克，鸡蛋1个，
鲜虾仁50克，豌豆、
胡萝卜末、玉米粒各
20克，植物油15毫升，
高汤250毫升，葱花、
料酒、食盐各少许。

妈咪巧手做：

1. 将大米洗净，放入高汤浸泡1个小时，然后煮成米饭，用筷子挑散，放凉。

2. 将鲜虾仁处理干净，加食盐和料酒略腌；鸡蛋打散备用。

3. 锅中烧热植物油，先把豌豆、玉米粒和胡萝卜末炒熟盛出，再把鸡蛋炒熟盛出，最后炒熟虾仁备用。

4. 锅中再下入少许植物油，放入葱花、米饭炒香，加入步骤3中炒好的菜炒匀，最后再加食盐调味即可。

宝贝营养指南：

　　此款炒饭荤素食材精心配伍，营养全面，有利于神经系统和身体的发育，能增强宝宝的记忆力。

食材

米饭200克, 鸡蛋2个,
虾仁100克, 洋葱丁
20克, 葱花、食盐、
鸡汁、植物油、番茄
酱各适量。

虾仁蛋包饭

妈咪巧手做:

1. 将虾仁挑去泥肠，洗净，用沸水烫一下。

2. 炒锅中放入植物油烧热，炒香洋葱丁，放入虾仁翻炒，调入食盐、鸡汁，倒入米饭炒香，加入葱花炒匀备用。

3. 将鸡蛋磕入碗中，加一点点食盐搅匀，倒入平底锅，用少许植物油煎成薄蛋饼，放入炒好的米饭包好，再稍煎装盘。食用时可适当淋上一些番茄酱。

宝贝营养指南:

　　这款炒饭软嫩鲜香，诱人食欲。鸡蛋营养成分全面，蛋白质优良，和虾仁、蔬菜、米饭同烹，荤素搭配合理，做法巧妙，可保证孩子获得充足的营养，宜作为午餐，既能健脑安神，又可消除疲劳。

食材

米饭 150 克，香肠丁 30 克，鸡肉丁 20 克，鸡蛋 2 个，葱末、番茄酱、食盐、鸡汁、淀粉各少许，花生油适量。

食材

黄瓜 1 根，精制猪肉末 150 克，鸡蛋 1 个，香菇 2 朵，虾皮 6 克，花生油 10 毫升，食盐、鸡汁、淀粉、葱花各适量。

鸡蛋包炒饭

妈咪巧手做：

1. 将鸡蛋磕入碗内，加少许食盐打散；鸡肉丁加淀粉、食盐拌匀。

2. 炒锅中烧热花生油，用葱末炝锅，放入鸡肉丁炒香，加入番茄酱、食盐、鸡汁炒匀，倒入米饭、香肠丁炒透。

3. 另起锅烧热少许花生油，倒入鸡蛋液（留少许备用），摊成薄蛋饼。

4. 把米饭倒入蛋饼中，用锅铲折成圆筒形（或半月形），用剩余蛋液将接口处粘牢，再稍煎即可。

宝贝营养指南：

　　鸡蛋的蛋白质为全价蛋白，米饭含蛋白质、淀粉、B 族维生素较多，此炒饭荤素相配，营养全面。还可再加些切碎的蔬菜。

黄瓜酿肉

妈咪巧手做：

1. 将黄瓜洗净，切成若干段 2 厘米厚的圆段，将中间掏空；香菇洗净后切碎；虾皮用温开水泡一下，沥干后切成碎末。

2. 在猪肉末中加入切碎的香菇、虾皮和食盐、鸡汁、淀粉，打入鸡蛋，顺同一个方向搅拌均匀。

3. 将调好的肉馅酿入黄瓜段中，装盘，撒上葱花，淋上热花生油，放入蒸锅中蒸熟即可。

宝贝营养指南：

　　花样做黄瓜，可让孩子食欲大增，加入肉、蛋、香菇、虾皮等，补充了各类矿物质、维生素，对骨骼、大脑神经的发育和健康很有帮助。

食 材

净鱼肉 150 克，软米饭 200 克，
叶菜、食盐、料酒、淀粉、高汤、
植物油各适量。

食 材

面粉 100 克，山药粉 250 克，
鸡蛋 2 个、净虾仁、玉米
粒各 50 克，紫甘蓝末 20 克，
植物油、食盐、葱花各少许。

鱼片饭

妈咪巧手做：

1. 将鱼肉片成鱼片，去净刺，加料酒、食盐腌一
会儿；叶菜择洗干净，切成小块待用。

2. 把腌入味的鱼片沾上淀粉，下入烧热的油锅中
煎至金黄色，捞出沥油。

3. 高汤入锅，大火煮开，加入食盐，再放入炸好
的鱼片烧开，下入切好的叶菜续煮片刻。

4. 将米饭装入碗内，捞出鱼片、青菜放在饭上，
再淋上高汤即可。

宝贝营养指南：

　　此饭作为 3 ~ 5 岁儿童的午餐特别合适。要
选用刺少肉多且易消化的鱼类，如鳕鱼、鳜鱼、
黄鱼等。叶菜一定要选用新鲜的时令鲜蔬，白菜、
芥菜、生菜、小白菜等都是不错的选择。每周定
时给孩子吃两三次鱼肉对生长发育很有助益。

海鲜山药饼

妈咪巧手做：

1. 将虾仁切成小丁；鸡蛋取蛋清，加少量清
水和食盐打至起泡，筛入面粉、山药粉，再
加少许植物油调成糊。

2. 把虾仁丁、紫甘蓝末、玉米粒、葱花加入
调好的糊中拌匀。

3. 平底锅内烧热植物油，舀入部分面糊，摊
成饼并煎熟即可。

宝贝营养指南：

　　山药中含消化酶，能促进蛋白质和淀
粉分解，能改善消化不良，还具有补脾、
益肾、养肺、止泻、敛汗的功效。但发热、
咳嗽痰多和怕冷的儿童不宜多吃。

红薯豆沙饼

妈咪巧手做：

1. 将烤红薯去皮，压磨成泥状，加入面粉、奶油、奶粉和少许水揉成团，分成 10 等份。

2. 取一份红薯面团用手掌压扁，放入适量红豆沙馅包成饺子状，捏紧后稍压扁，全部饼做好后放入烧热植物油的平底锅中，煎至熟透即可。

宝贝营养指南：

　　红薯中的蛋白质含量高，可弥补米面中的营养缺失，丰富的膳食纤维可促进肠胃蠕动，预防便秘。红豆沙中的维生素 B_1、叶酸和铁含量丰富，能维护皮肤健康，促进红细胞生成，预防贫血，保证神经系统、肠道、性器官的正常发育。

食材

宽面条 100 克，猪瘦肉末 60 克，白豆腐干 2 小块，葱头末 10 克，黄瓜丝、胡萝卜丝各 15 克，鸡蛋 1 个，酱油、食盐、高汤、植物油各适量。

五彩盖浇面

妈咪巧手做：

1. 将白豆腐干切成小丁；面条煮熟，用凉开水过凉，剪短备用；鸡蛋打匀，烧热植物油摊成薄蛋饼，待凉后切成丝；胡萝卜丝用开水焯一下后沥干。

2. 炒锅内烧热植物油，炒香葱头末，下入猪瘦肉末、白豆腐干丁炒匀，加入酱油、食盐、高汤，炒至汤汁收浓时铺盖在面条上。

3. 最后放上鸡蛋丝、黄瓜丝、胡萝卜丝，拌匀即可。

宝贝营养指南：

这款面条色彩丰富，营养全面，可作为主食常给孩子吃，有益于孩子健康发育和平衡摄取营养。最好买专门给宝宝吃的儿童面条或者自己在家擀面条。当然，最好是妈妈能给宝宝亲手擀制面条。

食材

面粉200克，虾仁150克，鸡蛋2个，猪肉泥100克，葱末、姜末、食盐、酱油、淀粉、香油、大骨汤各适量。

虾肉馄饨

妈咪巧手做：

1. 将虾仁洗净后剁成泥，加少许食盐、淀粉和鸡蛋清（1个鸡蛋的量）拌匀。

2. 猪肉泥盛入碗中，加少许大骨汤充分搅拌，再加酱油、食盐、葱末、姜末、香油拌匀，和虾泥混合拌成馅儿。

3. 在面粉中加入剩余的鸡蛋和适量水，和好后放置20分钟，擀成大薄面皮，切成若干个三角形或梯形的馄饨皮。

4. 将馅儿放在馄饨皮中包成馄饨，下入烧沸的大骨汤中煮熟即可。

宝贝营养指南：

给3～5岁儿童安排膳食应多样化，以谷类为主，搭配荤素食材，做适合孩子口味的食物，如饺子、馄饨、菜肉焖饭等，都适宜加入儿童食谱中。

食材

面粉150克，菠菜60克，鸡肉50克，番茄丁30克，清高汤适量，植物油、白醋、白砂糖、食盐各少许。

三鲜面疙瘩

妈咪巧手做：

1. 将菠菜择洗干净，焯水后沥干，切成末；番茄丁加白醋、白砂糖、食盐拌匀；鸡肉洗净后剁成末。

2. 面粉加适量温水和成面团，加入菠菜末继续揉至面团光滑有弹性，捏取花生米大小的面团，再压扁，制成面疙瘩。

3. 锅内倒入植物油烧热，下入鸡肉末炒香，加入清高汤煮沸，放入面疙瘩煮开，添加少许水，煮至面疙瘩熟透，加入番茄丁、食盐稍煮即可。

宝贝营养指南：

把菠菜揉入面团中，可增加孩子摄取蔬菜的机会，也加大了吃面食的趣味性，而菠菜中钾、镁、磷、铁等矿物质也很丰富。制作时也可用胡萝卜或其他绿色蔬菜代替菠菜。宜用撇去浮油的排骨汤、鸡汤来煮面疙瘩。

食 材

通心粉 200 克，鲜虾仁 100 克，洋葱 50 克，干香菇 3 朵，胡萝卜 30 克，酱油 1 茶匙，高汤、食盐、花生油各适量。

食 材

通心粉 100 克，新鲜蟹肉 60 克，蘑菇 60 克，蟹黄 20 克，植物油、食盐、湿淀粉、高汤各适量。

虾仁通心粉

妈咪巧手做：

1. 将干香菇泡发，切成丁；胡萝卜、洋葱分别切成丁；鲜虾仁挑去泥肠，洗净。

2. 将通心粉下入开水锅中煮透，过凉后捞起沥干。

3. 锅中放入花生油加热，将洋葱丁、胡萝卜丁、香菇丁炒香，加入虾仁炒匀，倒入高汤，用酱油、食盐调好味，再放入通心粉炒匀，至汤汁收浓时即成。

宝贝营养指南：

  通心粉搭配营养极为丰富的虾仁和蔬菜，味道鲜美，易消化，宜作为儿童的午餐或晚餐。

蟹肉通心粉

妈咪巧手做：

1. 将通心粉用沸水煮熟后捞出泡凉；蘑菇洗净，切成小块。

2. 将高汤倒入锅内烧开，放入通心粉煮开，捞出。

3. 炒锅内倒入植物油烧热，下入蟹肉、蘑菇块炒香，倒入高汤，加入蟹黄、食盐、湿淀粉煮开，加入通心粉再稍煮即可。

宝贝营养指南：

  螃蟹富含蛋白质及微量元素，可清热解毒、补骨添髓、滋肝补胃。通心粉富含蛋白质、碳水化合物，易于消化，能改善贫血、增强免疫力、平衡营养吸收。

木瓜蒸奶

食 材

木瓜 1 个，牛奶
200 毫升，冰糖
30 克。

妈咪巧手做：

1. 将木瓜洗净，竖切开一小块作为开口，去掉瓜瓤。

2. 将牛奶从开口处倒进木瓜中。

3. 将木瓜奶盅放入蒸锅内，用中火蒸 20 分钟，加入冰糖后再蒸
片刻即成。

宝贝营养指南：

　　木瓜含丰富的蛋白质、氨基酸、维生素和多种矿物质以及过
氧化氢酶、木瓜素等，其中过氧化氢酶是天然消化酶，能帮助人
体消化吸收牛奶、肉类及其他食物的营养，有助于吸收蛋白质；
木瓜素能缓解肌肉痉挛，有消肿、抗肿瘤的功效。牛奶的蛋白质
含量高且优质，含钙量也较高，对儿童的大脑、骨骼发育极为有益。

菠萝苹果火腿沙拉

去皮苹果 300 克，菠萝肉 150 克，火腿 100 克，沙拉酱 50 克，猕猴桃 1 片，樱桃 1 颗。

妈咪巧手做：

1. 将去皮苹果、菠萝肉、火腿分别切成丝，一同装盘。

2. 加入沙拉酱拌匀，再放上猕猴桃片和樱桃即可。

宝贝营养指南：

吃苹果有利于提高记忆力，能促进能量代谢，消除疲劳，增进食欲；菠萝能有效帮助人体消化、吸收各种营养，并可改善局部的血液循环，消除炎症和水肿，防止肥胖；樱桃含铁量高，可促进血红蛋白再生，防治贫血，健脑益智；猕猴桃可为儿童提供丰富的维生素 C 和膳食纤维，促进心血管健康，防治便秘。

食 材

菠萝1个，西瓜丁、哈密瓜丁、香蕉丁、猕猴桃丁、苹果丁各适量，沙拉酱50克，酸奶100毫升。

食 材

哈密瓜500克，面包100克，牛奶小冰砖1块。

菠萝沙拉什锦果

妈咪巧手做：

1. 将菠萝切半，挖出果肉后做成菠萝碗，把果肉切成丁。

2. 把所有水果丁一同装碗，放入沙拉酱拌匀。

3. 把拌好的沙拉水果丁倒入菠萝碗内，再浇上酸奶即可。

宝贝营养指南：

哈密瓜富含维生素及钙、磷、铁、钾等多种营养成分，能促进内分泌和造血功能，还可增进食欲、清凉消暑、清肺益气、生津止渴。多种水果搭配做沙拉，各类营养（特别是维生素）极为丰富，有助于健脑力、增智力。

哈密冰泥

妈咪巧手做：

1. 将哈密瓜去外皮、去瓤，取果肉用凉开水洗净，切成丁；面包撕成小碎块。

2. 将哈密瓜丁、面包块加上半块牛奶小冰砖，放入搅拌器中打成泥状，倒入碗中，上蒸锅蒸5分钟。

3. 待冷却后再加入另外半块牛奶小冰砖，搅匀即可。

宝贝营养指南：

哈密瓜既有营养又可口，但孩子吃多了易腹泻。现在将它蒸热后再拌上少量的冰砖，这样既解了孩子的馋，又不用担心孩子的肠胃受不了刺激。此款饮品微冰甜糯，清新爽滑，美味安全。

食 材

鸡蛋 3 个，熟豌豆 50 克，胡萝卜丁 100 克，莴笋丁 100 克，土豆 1 个，食盐、鸡汁、香油各适量。

食 材

鸡蛋 3 个，卷心菜丝、金针菇、香菇丝、红甜椒丝、胡萝卜丝、水发黄花菜各 10 克，食盐少许，植物油适量。

鲜蔬蛋丁

妈咪巧手做：

1. 将鸡蛋煮熟后去壳，分开蛋白、蛋黄，切成丁。

2. 将胡萝卜丁、莴笋丁分别用沸水焯透后沥干，加少许食盐腌渍片刻；土豆煮熟，去皮后切丁。

3. 将蛋白丁、蛋黄丁、胡萝卜丁、熟豌豆、莴笋丁、土豆丁一同装盘，调入食盐、香油、鸡汁拌匀即成。

宝贝营养指南：

　　此菜营养全面，可促进儿童的新陈代谢，提高免疫力，维护神经系统的健康，使皮肤细腻润泽。

菇菜烘蛋

妈咪巧手做：

1. 将胡萝卜丝、黄花菜、金针菇、香菇丝、红甜椒丝分别焯水，沥干，将黄花菜切短。

2. 将鸡蛋打入碗中，搅匀打发，放入全部蔬菜和食盐，搅拌均匀。

3. 平底锅中放入植物油烧热，倒入调好的蔬菜鸡蛋液，用中火煎至两面金黄、熟透，起锅切成三角块即可。

宝贝营养指南：

　　鸡蛋有增进骨骼发育、健脑补脑、提高记忆力、预防贫血和消除疲劳等多种作用。与鸡蛋搭配的多种蔬菜，特别是金针菇、香菇、黄花菜，含锌量都较高，是良好的健脑菜，对儿童智力发育和预防偏食都有良好的作用。

黄瓜炒蛋

食材

黄瓜1根，鸡蛋3个，
火腿30克，植物油
50毫升，食盐、湿淀
粉各少许。

妈咪巧手做：

1. 将黄瓜洗净，削去两头，切成丝；火腿用开水煮一下，切成细丝。

2. 鸡蛋磕入碗内，放入黄瓜丝、火腿丝、食盐、湿淀粉，调和均匀。

3. 炒锅内倒入植物油烧至六成热，倒入拌好的蛋液翻炒，炒至呈金黄时装盘。

宝贝营养指南：

　　吃黄瓜可清热、解渴、利水、消肿，提高人体免疫功能。黄瓜与火腿、鸡蛋同炒，营养互补，可增进食欲。

三丝荷包蛋

食 材

鸡蛋3个，猪瘦肉50克，金针菇50克，芹菜段20克，食盐、胡椒粉、花生油各少许，高汤适量。

妈咪巧手做：

1. 将猪瘦肉洗净，切成细丝；金针菇择洗干净。

2. 锅内烧沸水，将鸡蛋磕入锅内煮熟，捞入汤碗内。

3. 将高汤烧开，放入猪肉丝、金针菇，调入食盐、花生油，下入芹菜段，烧至熟透，加胡椒粉搅匀，出锅倒入盛荷包蛋的汤碗中。

宝贝营养指南：

　　鸡蛋对神经系统功能和肝细胞的再生有促进作用。此汤所用食材搭配科学，对孩子全面发育和提高学习能力有益。

食 材

紫菜 20 克，豆腐丁 200 克，番茄块 100 克，鸡蛋 1 个，淀粉、植物油、食盐各适量。

食 材

豆腐 200 克，鸡蛋 2 个，番茄丁 50 克，香菇丁 50 克，豌豆 30 克，鸡汤、植物油、食盐各少许。

紫菜豆腐羹

妈咪巧手做：

1. 将紫菜下入锅中略微干炒，用清水浸开，去掉泥沙，再用沸水焯一下，挤干水分后撕成条。

2. 锅内放入植物油烧热，下入番茄块略炒，加入适量水烧沸，加入豆腐丁与紫菜条同煮；将淀粉混合鸡蛋和少许水搅匀，倒入煮沸的紫菜豆腐汤内，调入食盐即可。

五彩豆腐

妈咪巧手做：

1. 将豆腐切成小块，用开水焯一下；豌豆用开水焯透。

2. 将鸡蛋打散，加食盐、香菇丁、番茄丁、豌豆拌匀。

3. 炒锅内倒入植物油烧热，倒入拌好的鸡蛋液和豆腐块同炒，再加入食盐、鸡汤，炒熟即可。

宝贝营养指南：

　　此羹营养全面，有利于骨骼的健康生长发育。紫菜等海藻类食物富含碘，碘是促进甲状腺素分泌的基本元素，对生长发育及新陈代谢极为重要。

宝贝营养指南：

　　豆腐与鸡蛋、肉、鱼及蔬菜搭配，可大大提高蛋白质的营养利用率。

食 材

豆腐 200 克，虾仁 100 克，香菇丁、胡萝卜丁、玉米粒、豌豆仁各 30 克，枸杞子 5 克，葱花、姜末、食盐、花生油各少许。

什锦豆腐煲

妈咪巧手做：

1. 将豆腐切成小块；虾仁去除泥肠后洗净，切成粒；玉米粒和豌豆仁分别洗净；枸杞子用清水稍泡一下。

2. 炒锅内放入花生油烧热，爆香姜末，放入香菇丁、胡萝卜丁、玉米粒、豌豆仁、枸杞子，一同炒熟后盛出待用。

3. 原锅再放花生油烧热，将豆腐块煎至变色，加入虾仁粒翻炒，再放入步骤 2 炒好的菜同炒，烹入适量水烧开，调入食盐，焖煮 5 分钟，撒上葱花即可。

宝贝营养指南：

　　豆腐富含的大豆蛋白和动物性蛋白相结合，融合了齐全的维生素和矿物质，可提高儿童的抗病能力，促进生长和智力发育，对调养虚弱、防治便秘等都大有助益。

食 材

豆腐包 8 个，净芦笋 8 根，去皮胡萝卜 100 克，韭菜 15 克，香菇片 50 克，高汤适量，酱油、白砂糖、食盐、香油各少许。

五彩豆腐包

妈咪巧手做：

1. 将芦笋切成小段；胡萝卜切成细条；韭菜用沸水略烫一下。

2. 将豆腐包摊平，横向片开，分别包入适量的芦笋段、胡萝卜条、香菇片，卷好并用韭菜绑牢，制成豆腐包卷。

3. 锅中烧热香油，加入酱油、白砂糖、食盐和高汤煮开，放入豆腐包卷，用小火煮至汤汁收浓即可。

宝贝营养指南：

　　豆腐包富含优质蛋白质和较多的钙及其他矿物质，搭配各类蔬菜巧妙烹煮，有助于增加孩子对素食的兴趣。在健脑、促发育的同时，豆腐制品中的豆固醇还能抑制胆固醇的摄取。

千张蔬菜卷

食材

千张1张，荸荠、胡萝卜丝、香菇丝各50克，净豆芽30克，鸡蛋1个，酱油2茶匙，食盐、鸡汁、香油、植物油各少许。

妈咪巧手做：

1. 将荸荠去皮洗净，切成细丝，和香菇丝混合，加酱油、食盐、鸡汁拌匀。

2. 将鸡蛋打散，用热植物油摊成蛋皮，再切成蛋丝。

3. 将千张切成两半，摊平，先放上一层豆芽，再将香菇丝、荸荠丝、胡萝卜丝、蛋皮丝均匀地铺于豆芽上，淋上香油。将千张卷成卷，蒸熟，切成小段盛盘。

宝贝营养指南：

　　这道菜搭配适宜，各类营养齐全。不少孩子会抵触素食，其实吃素食也需要培养，妈妈要经常变换一些烹调手法和食物的花样，这样有助于培养孩子吃素菜。

食材

千张 2 张，猪肉 200 克，鸡蛋 3 个，面粉 30 克，淀粉适量，香油、葱姜汁、食盐、酱油、植物油各适量。

千张肉卷

妈咪巧手做：

1. 将猪肉洗净后剁成细末，加入 1 个鸡蛋、5 克淀粉和食盐、葱姜汁、酱油拌匀成馅儿；剩下的 2 个鸡蛋磕入碗内打成蛋液，加面粉、10 克淀粉和少量清水调成蛋糊。

2. 将千张摊放在案板上，撒上剩余的淀粉，将猪肉馅分放在两张千张上抹平，卷成长卷，入锅蒸至八成熟。

3. 炒锅置中火上，倒入植物油烧至五成热，将肉卷抹匀蛋糊，入锅炸至色金黄并熟透，捞起沥油，改切成小段即可。

宝贝营养指南：

千张富含优质蛋白质和多种矿物质，特别是能补充钙质，促进孩子骨骼的生长发育，对小儿的骨骼健康极为有利，还能维护心血管健康。

食 材

山药条、莴笋条、胡萝卜条、鸡肉条各50克、姜丝、食盐、花生油各少许。

食 材

鸡翅300克，香菇片60克，净油菜50克，葱段5克，姜片10克，食盐、料酒、酱油、植物油、高汤各适量。

三鲜炒鸡

妈咪巧手做：

1. 将山药条、莴笋条、胡萝卜条下入开水锅内煮至七成熟，捞出沥干；鸡肉条用少许食盐拌匀。

2. 炒锅中放入花生油烧热，下姜丝、鸡肉条快炒至将熟，加入山药条、莴笋条、胡萝卜条炒匀，调入食盐炒入味即可。

宝贝营养指南：

　　吃莴笋可刺激消化酶分泌，增进食欲，还对调节神经系统功能、促进骨骼和牙齿健康有益。本菜由多种食材科学搭配，能增体力，强身体。

清蒸红汤鸡翅

妈咪巧手做：

1. 将鸡翅膀分成翅尖、翅中两段，放入沸水中余一下，捞出过凉，用料酒、酱油腌入味。

2. 炒锅内倒入植物油烧至六成热，放入腌好的鸡翅尖、翅中，煎至酱红色时捞出，装入小汤罐内。

3. 将高汤倒入汤罐，加上鲜香菇片、料酒、葱段、姜片、食盐，上蒸笼蒸1个小时，放入油菜再蒸5分钟即可。

宝贝营养指南：

　　鸡翅中含有大量可强健血管的胶原蛋白，对于皮肤及内脏补益颇具效果。鸡翅还富含维生素A，对于保护视力、促进生长及骨骼健康都是必需的。

食 材

鸭蛋 2 个，猪肉末 50 克，生菜适量，食盐、淀粉、鸡汁、葱姜末、植物油各少许。

夹心鸭蛋

妈咪巧手做：

1. 将鸭蛋煮熟，去壳，切成两半，取出蛋黄；猪肉末加入食盐、鸡汁、淀粉、葱姜末、植物油和少许清水，搅匀成馅儿。

2. 将调好的肉馅分别填入鸭蛋空心处，装盘，入蒸笼蒸至馅儿熟，出锅。

3. 盛盘后以蛋黄和焯过水的生菜围边，搭配食用。

宝贝营养指南：

这道菜食材搭配巧妙，造型可爱，营养丰富。鸭蛋含有蛋白质、磷脂类、维生素 A、维生素 B_1、维生素 B_2、维生素 D，各种矿物质的总量远超过鸡蛋，特别是铁和钙的含量在鸭蛋中更是丰富，可促进骨骼发育，预防贫血。

食 材

猪五花肉 300 克，糯米 60 克，荸荠末 100 克，上海青 100 克，姜末 15 克，食盐、鸡汁、香油、植物油、高汤各适量。

珍珠荸荠肉丸

妈咪巧手做：

1. 将糯米淘洗干净，用温水浸泡 3 个小时；上海青洗净，入锅用高汤煮熟。

2. 将猪五花肉剁成泥，加入姜末、食盐、鸡汁、香油拌匀，再放入荸荠末搅匀，挤成若干肉丸。

3. 将肉丸裹匀糯米，装盘，淋上少许高汤、植物油，放入蒸锅蒸熟，再围上上海青即可。

宝贝营养指南：

糯米富含蛋白质、脂肪、碳水化合物、钙、磷、铁、维生素 B_1、维生素 B_2、烟酸等多种营养素，有补中益气、健脾养胃、止虚汗的功效，对食欲不佳、腹胀腹泻有缓解作用。

丝瓜蒸肉

食 材

瘦肉片 150 克，丝瓜 1 根，咸鸡蛋黄 2 个，蒜蓉 10 克，花生油、食盐、淀粉各适量，胡椒粉、生抽、香油各少许。

妈咪巧手做：

1. 将丝瓜削去皮，切成条；咸鸡蛋黄切成碎粒。

2. 瘦肉片中加食盐、胡椒粉、淀粉、花生油拌匀，腌渍入味。

3. 将丝瓜条排入蒸盘中，铺上瘦肉片，再放上蛋黄粒和蒜蓉，入蒸笼中蒸熟，再淋上香油和烧热的生抽即可。

宝贝营养指南：

　　丝瓜有通经络、行血脉、生津止渴、解暑除烦、通利肠胃的作用，搭配瘦肉、蛋黄等，还能健脑力、增食欲。

丝瓜肉片汤

食 材

瘦肉 100 克，丝瓜 150 克，熟猪油 10 克，淀粉、食盐、香油、胡椒粉各少许。

妈咪巧手做：

1. 将瘦肉洗净，切成小薄片，用淀粉、食盐拌匀；丝瓜去皮洗净，切成块。

2. 锅置大火上，放入熟猪油烧热，放入丝瓜块煸炒至六成熟，添入适量水烧开。

3. 将瘦肉片汆入汤内，加入食盐煮熟，再加入胡椒粉、香油即可。

宝贝营养指南：

瘦肉中富含维生素 B_1 和有机铁，可健体养血、滋阴润燥。丝瓜的维生素含量丰富，其中 B 族维生素和维生素 C 较多，可解毒嫩肤、清暑凉血。

食材

猪五花肉 200 克，大白菜 300 克，绿豆粉条 100 克，葱花、食盐、鸡汤、花生油各适量。

食材

糯米 50 克，猪肋排 300 克，青甜椒粒、红甜椒粒各 15 克，姜末 5 克，食盐、儿童酱油、熟猪油、湿淀粉、鸡汤各适量。

白菜肉片煮粉条

妈咪巧手做：

1. 将猪五花肉洗净，用开水煮片刻，捞出切成小薄片；大白菜洗净，切成条块；绿豆粉条用温水泡发。

2. 炒锅内倒入花生油烧热，放入五花肉片炒香，加入鸡汤煮开。

3. 放入切好的白菜和粉条，用中火煮 15 分钟，用食盐调味，加入葱花即可出锅。

宝贝营养指南：

　　粉条富含碳水化合物、膳食纤维、蛋白质和钙、镁、铁、钾、磷等多种矿物质，有良好的附味性，能吸收各种鲜美汤料和食物的味道，再加上本身的柔润嫩滑，吃起来更加爽口宜人。

珍珠糯米排骨

妈咪巧手做：

1. 将糯米先用冷水浸泡 5 小时；猪肋排洗净，斩成小块，加食盐、姜末、儿童酱油拌匀，腌渍入味后逐块裹匀糯米，装盘，入蒸锅蒸熟。

2. 炒锅内倒入熟猪油烧热，加入鸡汤及青甜椒粒、红甜椒粒炒匀，调入食盐，用湿淀粉勾芡烧开，浇在蒸好的糯米排骨上。

宝贝营养指南：

　　猪排骨可维护骨骼健康，还有滋阴、润燥、补血的功效，常食排骨对气血不足、身体虚弱有很好的调理作用；糯米能补中益气、健脾养胃，对调理孩子食欲不佳、腹胀尿频有益。

食 材

猪排骨 400 克，红曲 5 克，料酒、香醋、白砂糖、儿童酱油、食盐、香料粉、葱花、姜末各少许，植物油适量。

食 材

猪肋排 300 克，西米 60 克，荷叶 1 大张，花生酱、料酒、食盐、儿童酱油、鸡汁各适量。

糖醋排骨

妈咪巧手做：

1.将猪排骨剁成小块，洗净后加料酒、香料粉、姜末、食盐拌匀，腌渍 20 分钟。

2.锅中烧热植物油，下入排骨块炸至五成熟时捞出沥油。

3.锅中烧开适量水，投入排骨块，加入儿童酱油、白砂糖、香醋、红曲以小火炖至烂熟，用大火收汁，再撒上葱花即可。

宝贝营养指南：

　　大部分孩子都喜欢吃排骨，将其做成糖醋口味，则使孩子更开胃，增食欲。排骨加上有健脾消食、活血化淤作用的红曲，可促进 3 ~ 5 岁儿童的骨骼健康发育。

荷香珍珠排

妈咪巧手做：

1.将猪肋排洗净剁成小块，用沸水汆一下；西米泡洗干净。

2.将猪肋排加花生酱、食盐、料酒、儿童酱油、鸡汁拌匀稍腌，再均匀地裹一层西米。

3.将荷叶铺在小蒸笼内，放入西米排骨，以大火蒸至熟透即可。

宝贝营养指南：

　　猪排骨能滋阴润燥、强壮补血。给孩子制作营养餐要方法多变，把一种食材变换出多种口味。

莴笋炒三丝

食 材

水发海带、莴笋、土豆各 100 克，胡萝卜50 克，植物油、食盐、白砂糖、白醋、姜末、高汤各适量。

妈咪巧手做：

1. 将水发海带洗净，切成细丝；莴笋、胡萝卜、土豆分别去皮，洗净后切成丝。

2. 土豆丝用清水泡一下，捞出和水发海带丝一起放入沸水锅中烫一下，捞起控水。

3. 锅内倒入植物油烧热，放入胡萝卜丝、土豆丝煸炒，再放入莴笋丝同炒，然后加入水发海带丝炒匀后加入姜末、食盐、白砂糖、白醋，再加入高汤，炒至熟透即可。

宝贝营养指南：

　　此菜鲜香可口，有保护眼睛，促进骨骼、牙齿发育的作用，还可平衡营养，增加食欲，适宜 3 ～ 5 岁儿童食用。把不同的蔬菜组合烹调，更能提高孩子的食欲，有益于平衡营养。

黄花菜炒肉丝

食 材

猪瘦肉 150 克，黄花菜 60 克，鸡蛋 1 个，姜末、食盐、高汤各少许，花生油适量。

妈咪巧手做：

1. 将猪瘦肉洗净后切成细丝；黄花菜用温水泡发，洗净；鸡蛋打散，倒入烧热少许花生油的平底锅中摊成薄饼，冷却后切成丝。

2. 炒锅内放入花生油烧热，爆香姜末，下入瘦肉丝炒至变色，倒入黄花菜，加入高汤翻炒至熟，下入鸡蛋丝，以食盐调味后炒匀即可。

宝贝营养指南：

黄花菜营养全面，特别是钙、磷、镁、锌、钾及维生素 A 的含量丰富。此菜有非常好的补脑健脑作用，对 3～5 岁儿童的智力发育十分有益。猪瘦肉要选鲜嫩的部位，用猪里脊最适宜。没有高汤时加水即可。

食 材

猪瘦肉片 60 克，黄瓜丝 100 克，胡萝卜丝 100 克，莴笋丝 60 克，葱段、姜片、白砂糖、酱油、醋、食盐、香油各适量。

食 材

芋头片 250 克，香菇粒 50 克，胡萝卜末 50 克，午餐肉片 100 克，白菜叶 150 克，枸杞子、色拉油、葱花、食盐、鸡精、湿淀粉、清高汤各适量。

糖醋四鲜菜

妈咪巧手做：

1. 将黄瓜丝盛盘，加少许食盐拌匀；胡萝卜丝、莴笋丝分别用开水焯透，沥干，与黄瓜丝一同拌匀。

2. 瘦肉片加葱段、姜片一起入锅用开水煮熟，晾凉后切成丝，同黄瓜丝、胡萝卜丝、莴笋丝混合，加入所有调味料拌匀即成。

宝贝营养指南：

　　胡萝卜有助于保护视力，提高身体免疫力；莴笋能改善消化系统和肝脏功能，调节情绪，提高睡眠质量。

芋泥菜卷

妈咪巧手做：

1. 将芋头片蒸熟，趁热压磨成泥，加入色拉油、食盐拌匀，再加入香菇粒、胡萝卜末拌匀。

2. 将白菜叶用开水烫软，每片包入适量芋泥馅儿，卷成卷，摆入用午餐肉片铺底的盘中，蒸熟。

3. 烧热少许色拉油，爆香葱花，加入清高汤和枸杞子、食盐、鸡精、湿淀粉烧开，浇在菜卷上即可。

宝贝营养指南：

　　多样的食物组合，有益于 3 ～ 5 岁儿童均衡地摄取营养。芋头易于消化，其含氟较多，有洁齿防龋的作用，但对于 3 ～ 5 岁的儿童来说还需适量食用。没有清高汤时亦可用清水代替。

食 材

芥蓝 300 克，熟腰果 50 克，
香菇片 30 克，甜椒圈 5 克，
蒜片、色拉油、食盐、鸡精、
湿淀粉各少许。

食 材

菠菜 300 克，鸡蛋 2 个，面粉
50 克，淀粉 30 克，泡打粉、
食盐各少许，花生油适量。

芥蓝腰果炒香菇

妈咪巧手做：

1. 将芥蓝择洗干净，取茎切小段后焯水备用。
2. 炒锅中放入色拉油烧热，下甜椒圈、蒜片炒香，
放入芥蓝段、腰果、香菇片翻炒均匀，加食盐、
鸡精调味，用湿淀粉勾芡即可。

宝贝营养指南：

　　此菜有补脑、减压的作用。芥蓝能刺激人
的味觉神经，增进食欲，还能促进胃肠蠕动，
消暑解热。

酥炸菠菜

妈咪巧手做：

1. 将菠菜择洗后切小段，用开水焯一下，沥干；
鸡蛋打入碗内，加入淀粉、面粉、泡打粉、食
盐和少许清水拌匀，制成酥炸糊。
2. 炒锅中倒入花生油，烧至七成热，将菠菜段
裹匀酥炸糊后下入锅中，炸至酥香金黄时装盘
即可。

宝贝营养指南：

　　菠菜含有丰富的维生素，能维护正常视力，
提高抗病能力，促进新陈代谢。菠菜还可防治
便秘。

什锦松仁玉米

食材

鲜嫩玉米粒150克，松子仁30克，胡萝卜丁、黄瓜丁、净虾仁、火腿丁各50克，熟豌豆30克，湿淀粉、食盐、鸡汁、植物油各适量。

妈咪巧手做：

1. 将玉米粒放入沸水锅中焯一下，捞出；虾仁切成丁，和胡萝卜丁一同焯水后捞出沥干。

2. 锅中烧热植物油，下入松子仁炒熟后备用。

3. 炒锅置火上，倒入植物油烧热，放入玉米粒、胡萝卜丁、黄瓜丁、虾仁丁、火腿丁、熟豌豆翻炒片刻，加入食盐、鸡汁、湿淀粉炒熟，再加入松子仁翻匀即可。

宝贝营养指南：

　　松子仁除了对大脑和神经有良好的补益作用外，其和虾仁还都含有丰富的铁、锌和钙，加上与玉米等多种食物搭配，有助于增强儿童记忆力，促进智力发育，防治便秘。

蒸四素

食 材

胡萝卜、大白菜、口蘑、鲜香菇各100克，食盐、浓鸡汤、色拉油、香油各适量。

妈咪巧手做：

1. 将胡萝卜去皮洗净，切成丝，焯熟；鲜香菇去蒂，洗净，切成薄片；大白菜择洗干净，切成丝，用开水烫软；口蘑泡洗后切成薄片。

2. 取蒸盘，抹上色拉油，依次排入胡萝卜丝、大白菜丝、口蘑片、鲜香菇片，撒上食盐，入蒸锅蒸 10～15 分钟，再加入热鸡汤、香油，出锅翻扣于盘中即可。

宝贝营养指南：

　　胡萝卜、白菜对保持视力正常和强体养胃很有益；口蘑有助于防止贫血；香菇中的多糖类物质和维生素能补肝肾、健脾胃、益智力。这款素食适宜 3～5 岁儿童食用，经常食用能提高他们的抗病能力，保护各个内脏器官。

食 材

嫩牛肉 200 克，金针菇 100 克，熟鸡蛋 1 个，蒜末 5 克，花生油、儿童酱油、食盐、鸡精各适量。

食 材

番茄 2 个，嫩牛肉 150 克，洋葱片 30 克，植物油、食盐、葱段、姜片、酱油、料酒、红糖、醋、湿淀粉各适量。

金针牛肉片

妈咪巧手做：

1. 将嫩牛肉洗净，切成薄片；金针菇择洗干净；熟鸡蛋去壳，将蛋黄和蛋白分别切成丁。

2. 锅内放入花生油烧热，爆香蒜末，放入嫩牛肉片炒香，烹入少许水和儿童酱油，用小火焖煮 10 分钟。

3. 加入金针菇同煮，调入食盐、鸡精继续焖煮至熟透，加入蛋黄丁和蛋白丁拌匀即可。

宝贝营养指南：

　　金针菇含有人体必需的氨基酸成分，且含锌量高，对儿童的身高增长和智力发育有帮助。牛肉营养全面，适量吃可促进孩子的生长发育，对调养身体、补血很有益。

番茄烧牛肉

妈咪巧手做：

1. 将嫩牛肉洗净，切成小块；番茄洗净，切成小块。

2. 炖锅内加少许水，放进牛肉块，加入葱段、姜片、料酒、酱油、红糖、醋，先用大火煮沸，再改用小火炖 30 分钟，待汤汁浓厚时盛出。

3. 炒锅内放入植物油烧热，爆香洋葱片，将牛肉块连汤一起倒入炒匀，再放入番茄块炒软，盖严锅盖焖煮 6 ~ 8 分钟，然后加食盐调味，用湿淀粉勾芡即可。

宝贝营养指南：

　　牛肉富含蛋白质、铁、锌及人体必需的氨基酸，有健脾胃、益气血、强筋骨的功效。番茄有利于促进胃液分泌，有健胃消食、清热解毒的作用，可以帮助消化吸收蛋白质。

食 材

草鱼肉250克，火腿丁、胡萝卜丁、冬笋丁、黄瓜丁、玉米粒、甜椒丁、香菇丁各30克，干淀粉10克，鸡蛋1个，湿淀粉、胡椒粉、葱末、姜末、食盐、鲜汤、香油、植物油、料酒各适量。

五彩鱼丁

妈咪巧手做：

1. 将草鱼肉去皮，洗净后去净碎刺，切成丁，加少许食盐、干淀粉、料酒和鸡蛋清拌匀上浆。

2. 炒锅内倒入植物油烧至四成热，下入鱼肉丁滑散至嫩熟，倒入漏勺沥油。

3. 原锅留底油，放入葱末、姜末、火腿丁、胡萝卜丁、冬笋丁、玉米粒略炒，加鲜汤炒透，再放入甜椒丁、香菇丁、黄瓜丁、鱼肉丁，调入食盐、胡椒粉炒透，用湿淀粉勾芡，淋入香油即可。

宝贝营养指南：

草鱼肉质细嫩，碎骨刺少，营养丰富，但不宜给孩子吃得太多，以防诱发各种疮疥。

食 材

青鱼尾段400克，水发香菇50克，冬笋片、猪肉片各30克，葱段、姜片、香菜、料酒、食盐、酱油、香醋、白砂糖、植物油各适量。

红烧鱼尾

妈咪巧手做：

1. 将青鱼尾段处理干净，斩成小块；水发香菇洗净，切成片。

2. 锅置火上，下入植物油烧至七成热，放入青鱼尾块煎至金黄色时捞出。

3. 锅留少许油，下葱段、姜片爆香，加入猪肉片、冬笋片、香菇片煸炒片刻，下入青鱼尾块，加入料酒、酱油、白砂糖、食盐和适量水，用大火烧开后转小火焖烧至熟透，加入香醋，用大火收浓汁，撒上香菜装盘。

宝贝营养指南：

青鱼肉厚且嫩，味鲜美，刺大而少，是淡水鱼中的上品，除含有丰富的蛋白质外，还富含硒、锌、钾、磷、钙、碘等矿物质，很适合添加在儿童食谱中。

软煎鱼球

食 材

净鱼肉 250 克，1 个鸡蛋的蛋清，植物油适量，面包糠、食盐、葱末、姜末、淀粉、香油各少许。

妈咪巧手做：

1. 把鱼肉的碎刺去除干净，切碎后剁成泥，加入食盐、葱末、姜末、香油、鸡蛋清、淀粉混合拌匀。

2. 将拌好的鱼泥挤成若干个小丸子，并裹上一层面包糠。

3. 锅中倒入植物油烧至六七成热，把鱼肉丸子入锅煎炸至熟透即可。

宝贝营养指南：

　　鱼肉一般都含有丰富的维生素和钙、铁、锌、磷、钾等多种矿物质，很适合儿童食用，有利于补益营养和调理身体。把鱼肉制成鱼丸（鱼球），或烧，或炖煮，或煎，都会让孩子食欲大开，搭配一些蔬菜营养更佳。

氽丸子汤

食 材

猪肉泥 200 克，油菜心 100 克，鸡蛋 1 个，淀粉 10 克，食盐、酱油、葱末各少许。

妈咪巧手做：

1. 将猪肉泥放入小盆，加入葱末、食盐、酱油、鸡蛋、淀粉拌匀备用。

2. 砂锅中倒入适量清水烧至八成开，把调好的猪肉泥挤成一个个如核桃般大小的肉丸，下入锅中氽至将熟，撇去浮沫，放入油菜心，再加入少许食盐稍煮即可。

宝贝营养指南：

　　此菜肉丸鲜嫩，汤汁味鲜。油菜心含有大量胡萝卜素和维生素 C，其含钙量在绿叶蔬菜中为最高。

银芽鱼丝

食 材

洗净的黑鱼肉200克，绿豆芽60克，红甜椒丝15克，1个鸡蛋，鸡汤2大匙，干淀粉、湿淀粉、葱段、姜丝、香油、食盐、植物油各适量。

妈咪巧手做：

1. 将黑鱼肉切成丝，鸡蛋取蛋清；用鸡蛋清、食盐、干淀粉与黑鱼肉丝拌匀；绿豆芽掐去两头，洗净；用鸡汤、食盐、香油和湿淀粉调成芡汁。

2. 锅内放植物油烧至六成热，下入鱼肉丝拨散，滑至八成熟后倒入漏勺沥油。

3. 锅留底油，下入姜丝、绿豆芽、红甜椒丝、食盐炒香，放入鱼肉丝、葱段、芡汁炒匀即可。

宝贝营养指南：

　　黑鱼肉中含有18种氨基酸和人体必需的钙、磷、铁及多种维生素，可补脾益气、利水消肿，对身体虚弱和贫血的儿童都十分有益。

PART ②

儿童的健脑益智营养餐

baby food

对 3 ~ 5 岁儿童
大脑发育有益的营养素

孩子年龄越小，大脑的生长发育越快，合理安排膳食，全面供给营养，对大脑发育和日后智力的发展极其重要。许多营养素与大脑的生长发育和记忆力、想象力、思维分析能力的发展关系密切，通过调节膳食、合理提供食物以补充这些营养素，有助于健脑和促进智力发展。

葡萄糖：儿童的大脑发育和智力增长需要消耗相对较多的能量，足够的葡萄糖供给是必不可少的。一般富含淀粉的食物，如大米（糙米）、小米、面、燕麦、玉米、薯类、豆类等，在人体代谢过程中就会产生大量的葡萄糖供机体利用，而动物血液中所含的葡萄糖可直接被人体利用。水果中亦富含葡萄糖，如柑橘、西瓜、哈密瓜等，可适当加以补充。

蛋白质：蛋白质是构成脑细胞和脑细胞代谢的重要营养物质，可以营养脑细胞，使人保持旺盛的记忆力，加强注意力和理解能力。因此，膳食中蛋白质的质和量是提高脑细胞活力和促进智力发育的重要保证。奶类、鱼肉、豆制品、瘦肉、蛋类都是补充蛋白质不可缺少的食物来源。

磷脂：磷脂在脑细胞和神经细胞中含量最多，又分脑磷脂和卵磷脂两种，具有增强大脑记忆力的功能，并与神经传递有关，关系着大脑反应的灵敏性。为了保持和促进大脑健康发育，膳食中应适当加入动物的脑（骨）髓、猪肝、鱼肉及豆制品、鸡蛋（尤其是蛋黄）和磨碎的坚果如核桃粉、芝麻粉等食物。

谷氨酸：谷氨酸能改善大脑机能，促进活力，还能消除脑代谢中的"氨"的毒性。因此，给孩子安排膳食应适当加入含谷氨酸较多的食物，如大米、黄豆制品、牛肉、奶酪和动物肝脏等。

磷：磷是大脑活动中必需的一种介质，它不但是组成脑磷脂、卵磷脂和胆固醇的主要成分，而且还参与神经纤维的传导和细胞膜的生理活动，参与糖和脂肪的吸收与代谢。含磷丰富的食物主要有虾皮、干贝、鱼、蛋、鸡肉、牛奶及乳制品和全谷类等，适当食用对大脑的智力活动很有益。但应注意磷与钙宜按 1：2 供给，否则磷摄入过多会影响人体对钙的吸收。

维生素 A：维生素 A 可使眼球的功能活动旺盛，提高视网膜对光的感受能力，促进大脑、胃肠的发育，是维护视力和促进大脑发育必不可少的营养素，对促进脑细胞的发育有着重要作用。儿童若长期缺乏维生素 A，会导致智力低下、性发育迟

缓。维生素 A 的主要食物来源有：各种动物的肝、鱼肝油、鱼卵、全奶、奶油、禽蛋；蔬菜有菠菜、苜蓿、空心菜、莴笋叶、芹菜叶、胡萝卜、豌豆苗、红薯、菜椒；水果有芒果、杏及柿子等。

维生素 B$_1$ 和烟酸：这两种维生素通过对糖代谢的作用而影响大脑对能量的需求，在大脑中帮助蛋白质的代谢，尤其可帮助提高记忆力。维生素 B$_1$ 还可消除大脑疲劳，协助供给脑细胞营养。维生素 B$_1$ 含量较丰富的食物有牛奶、瘦肉、动物内脏、豆类及豆制品、谷类等；而烟酸含量较多的食物有谷类、瘦肉及动物内脏等。

维生素 E：维生素 E 有防止不饱和脂肪酸因过度氧化而导致脑和身体陷入酸性状态的作用，可预防脑疲劳，防止大脑活动衰减。人若长期缺乏维生素 E，会引起各种类型的智力障碍或情绪障碍。维生素 E 的主要食物来源有：猕猴桃、坚果类、瘦肉、乳类、蛋类、芝麻、玉米、橄榄、莴笋、黄花菜、卷心菜等。

微量元素：儿童缺乏锌、铜、钴等微量元素会影响智力的发展，甚至可引起某些疾病，如大脑皮质萎缩、神经发育停滞等。其中锌、铜对促进发育、提高智力方面有重要作用。适宜孩子的含锌丰富的食物有牡蛎、鱼、肉类、肝、蛋和磨碎的花生、核桃、松子等坚果；而含铜较为丰富的食物有动物肝、肾、肉类、豆制品和叶类蔬菜、坚果类等。

其他：许多鱼类食物中含有能使脑细胞更活跃的 DHA，适当多吃鱼能让宝宝更聪明。而维生素 B_{12} 具有与 DHA 一样的功效，也能帮助头脑活性化。而同属 B 族维生素的胆碱和生物素，也可供给脑细胞营养，其中胆碱还能进入脑细胞，制造帮助记忆的物质，可健脑益智。此外，充足的维生素 C 可使脑功能敏锐，思维敏捷；充足的钙有利于大脑保持正常工作，提升孩子的注意力和记忆力；足量的脂肪可保证大脑养分充足，健全脑功能。这些营养都要靠合理的膳食搭配来长期、均衡地供给。但是，如果膳食中蛋白质和脂肪经常偏多，反而会影响智力。因此，灵活安排孩子的食谱，适当地摄取蛋白质，减少食物中维生素的损失，是大脑健康发育的基础。

适宜儿童的常见补脑益智食物

许多适宜孩子补脑健智的食物都是廉价又普通之物，家长要结合孩子的实际情况进行选择。以下专门介绍几种健脑食物。

牛奶

除了母乳外，牛奶是最近乎完美的营养品。牛奶及奶酪富含蛋白质和必需氨基酸，健脑作用突出，最易被人体吸收。睡前喝些热牛奶还有助于睡眠。

蛋类

鸡蛋所含的营养与大脑活动功能、记忆力密切相关，对孩子大脑发育很有益处。鹌鹑蛋含有更丰富的卵磷脂、脑磷脂和 DHA，补脑健脑作用突出。

鱼肉类

鱼肉可向身体提供优质蛋白质、钙和多种微量元素，且淡水鱼所含的脂肪酸多为不饱和脂肪酸，能保护脑血管，对大脑细胞活性有促进作用。

虾皮

虾皮的钙含量极为丰富，摄取充足的钙可保证大脑处于最佳工作状态，还可防止其他缺钙引起的儿科疾病。适量吃些虾皮，对增强记忆力和防止软骨病都有好处。

玉米

玉米胚富含多种不饱和脂肪酸，有保护脑血管和降血脂的作用，尤其是含谷氨酸较多，能促进脑细胞代谢，有健脑的作用。

黄花菜

黄花菜是"忘忧草"，能安神解郁。适当食用黄花菜，对促进孩子睡眠和保持良好的精神状态十分有益。

橘子

橘子含有大量维生素 A、维生素 B_1 和维生素 C，属典型的碱性食物，可消除酸性食物对神经系统造成的危害，促进大脑活力。

菠菜

菠菜属健脑蔬菜，由于它含有丰富的维生素 A、维生素 C、维生素 B_1 和维生素 B_2，是脑细胞代谢所需营养的"最佳供给者"之一。它还含有大量叶绿素，也有健脑益智的作用。

豆制品

豆腐、豆腐花、豆浆等豆制品含大脑必需的优质蛋白和氨基酸及大豆卵磷脂，含钙也较多，能强化脑血管的机能，还可预防心血管疾病。

芝麻、核桃、花生等坚果

这类食物有改善血液循环、营养大脑、增强记忆力、消除脑疲劳的作用，健脑益智功效突出。注意给儿童食用时应磨碎，可制糊或加入粥和各类食物泥、糊中。另外，杏仁、松子、榛子等也都是很好的健脑佳品。

另外，许多蔬菜、水果和动物性食物都对大脑发育大有好处，如南瓜、小白菜、胡萝卜、鲜豌豆、大白菜、卷心菜、桂圆、红枣、香蕉和动物脑髓类、动物肝、银鱼等。每天安排膳食时加入健脑食物，对促进孩子的大脑发育不可缺少。

金针菇拌黄瓜

食 材

金针菇 200 克，黄瓜丝 50 克，姜丝、食盐、鸡汁、白醋、香油各适量。

妈咪巧手做：

1. 将金针菇去根，洗净，下入开水锅中焯透。

2. 将金针菇盛盘，加入黄瓜丝、姜丝、食盐、鸡汁、白醋、香油，拌匀即可。

宝贝营养指南：

　　金针菇被称为"增智菇"，富含人体所需的氨基酸，其中赖氨酸和精氨酸尤其丰富，且含锌量较高，对增强智力，尤其是对儿童智力发育和补脑健脑有良好作用。金针菇还能有效增强机体生物活性和新陈代谢，有利于人体对各种食物营养的吸收。

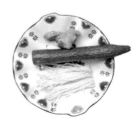

香菇炖杏仁

食　材
干香菇 25 克，干黄花菜 20 克，去皮杏仁 50 克，豌豆 30 克，植物油、高汤各适量，湿淀粉、食盐、白砂糖、酱油各少许。

妈咪巧手做：

1. 将干香菇和黄花菜用清水泡发洗净，香菇切成片，和黄花菜一起焯水后沥干。

2. 杏仁洗净，入油锅略炸；豌豆焯水后沥干。

3. 锅内下入植物油烧热，放入全部处理过的原料炒匀，加入食盐、白砂糖、酱油、高汤炒匀，并用大火烧开，转小火慢炖 10 分钟，用湿淀粉勾薄芡即可。

宝贝营养指南：

　　干香菇富含维生素 D，可促进钙的吸收，健脑功效突出；黄花菜有助于健脑抗衰、安神健胃；杏仁可润肺养颜、止咳祛痰、润肠通便、补充脑力。此菜对增强免疫力，促进大脑的发育很有益。一般菇类都有调节神经、益智安神、补益身体的作用，搭配核桃，是孩子补脑的极佳选择。

食 材

香菇 200 克，油炸松子仁 50 克，料酒 5 毫升，香油 5 毫升，湿淀粉 10 克，食盐、儿童酱油、姜汁各少许，植物油、高汤各适量。

食 材

西蓝花 300 克，香菇片 50 克，奶酪 20 克，蒜末、食盐各少许，花生油适量。

松仁烧香菇

妈咪巧手做：

1. 将香菇泡洗干净，切成大块，用开水焯透，捞出沥干。

2. 炒锅中放入植物油烧热，放入香菇块炒匀，加入油炸松子仁、高汤和所有调料，炒匀后烧入味，用湿淀粉勾芡，再淋上香油即可。

宝贝营养指南：

香菇含高蛋白、多糖，有多种氨基酸和维生素，可健脑。松子仁除健脑的功效突出外，还可补肾养血、润肠通便。

奶酪西蓝花

妈咪巧手做：

1. 将西蓝花切成小朵，泡洗干净，下入盐开水中焯一下。

2. 炒锅中倒入花生油烧热，爆香蒜末，放入西蓝花和香菇片炒至九成熟，加入奶酪拌炒均匀，调入食盐即可。

宝贝营养指南：

西蓝花和香菇的各类营养素全面，奶酪则保留了牛奶中营养的精华部分，三者搭配可补益五脏，增强脑力，养肝明目，增强人体抗病能力。

食 材

豆腐200克，鱼肉150克，熟
豌豆30克，鸡蛋1个，植物油、
食盐、姜末、鸡汁、胡椒粉各
少许。

蒸鱼肉豆腐

妈咪巧手做：

1. 将豆腐和鱼肉洗净，一同剁成泥；鸡蛋加少
许食盐打散，用少许植物油煎成蛋皮，再切成
粗丝。

2. 在豆腐鱼泥中调入食盐、姜末、鸡汁、胡椒粉，
搅匀，盛入刷了植物油的蒸碟中，加入熟豌豆，
铺上蛋丝，放入烧开水的蒸锅中，用大火蒸熟
即可。

宝贝营养指南：

常吃鱼肉能抗忧郁，使人变得聪明；豆腐
有益于神经系统的发育和补脑健脑，还能补中
益气、清洁肠胃。

食 材

净鱼腩肉150克，老豆腐200
克，蒜蓉15克，植物油20克，
鸡汁、食盐、葱花、香油、胡
椒粉、淀粉各少许。

蒜香鱼末蒸豆腐

妈咪巧手做：

1. 将净鱼腩肉剁成末，加入鸡汁、食盐、胡椒粉、
香油拌匀。

2. 将老豆腐切成8块，中间挖孔，沾上少许淀粉，
嵌入鱼末后装盘。

3. 锅里烧热植物油，下蒜蓉、食盐和少许水烧
成蒜蓉汁，浇在鱼末豆腐上，上笼蒸熟，最后
撒上葱花、浇上少许热油即成。

宝贝营养指南：

豆制品和鱼肉都有补脑养脑的功效，能及
时补充大脑的营养，提高脑神经的活性。当孩
子体弱、记忆力下降时，食用豆腐搭配鱼肉或
瘦肉会有所改善。

麻香核桃豆腐

食 材

豆腐 300 克，白芝麻 20 克，黑芝麻 10 克，核桃仁 25 克，鸡蛋 1 个，火腿末 20 克，黄瓜片 30 克，花生油、食盐、湿淀粉、高汤各适量。

妈咪巧手做：

1. 将核桃仁切成碎丁；黑芝麻、白芝麻分别用净锅炒熟；豆腐切成厚片；鸡蛋加食盐打匀。

2. 豆腐片裹匀鸡蛋糊，沾上黑芝麻、白芝麻、碎核桃仁，逐片下入五成热的花生油锅中，煎黄后盛盘。

3. 将高汤入锅烧开，加湿淀粉搅匀后浇在煎好的豆腐上，撒上火腿末，再上锅蒸透，摆上黄瓜片即可。

宝贝营养指南：

核桃和芝麻都是极佳的健脑增智的食物，两者和豆腐组合，对促进脑力、消除疲劳、增强记忆力很有助益。

牛奶水果荷包蛋

妈咪巧手做：

1. 将鸡蛋磕入沸水锅内煮熟，捞出盛碗。

2. 将苹果肉切成丁，与白砂糖、牛奶一同放入锅中煮开，
倒入荷包蛋稍煮即可。

宝贝营养指南：

　　此甜品果香、奶香浓郁，让人食欲大增，适宜儿童食
用。鸡蛋、牛奶含有几乎所有人体所需的营养物质，特别
对大脑和神经系统发育有益；苹果可改善呼吸系统和肺功
能，提神醒脑，帮助孩子保持良好的心情，还可促进排毒、
健脑增智。

食材

鸡蛋 2 个，丝瓜半条，黄豆芽 50 克，胡萝卜丝 50 克，湿淀粉 30 克，食盐、儿童酱油、醋、香油、熟松子仁、鸡汁、花生油各适量。

食材

牡蛎肉 60 克、鸡蛋 2 个、花生油适量、食盐、姜末、葱花、淀粉各少许。

蛋皮三丝

妈咪巧手做：

1. 将鸡蛋磕开，蛋清和蛋黄分别装碗，都加食盐和湿淀粉打匀，用花生油煎成白、黄两张蛋皮，待凉后切成丝。

2. 将丝瓜刮皮去瓤，洗净后切成丝，焯透；黄豆芽择洗后和胡萝卜丝一起下入开水锅中焯透后捞起。

3. 把蛋白丝、蛋黄丝和丝瓜丝、黄豆芽、胡萝卜丝混合装盘，加入用儿童酱油、醋、香油、鸡汁调成的味汁和熟松子仁，拌匀即可。

宝贝营养指南：

　　松子中磷、锰、锌、钙含量丰富，对大脑和神经有补益作用，是孩子的健脑佳品。与鸡蛋和多种蔬菜搭配，使营养摄取更为均衡。

软炒蚝蛋

妈咪巧手做：

1. 将牡蛎肉洗净，用食盐、淀粉拌匀后略腌一下；鸡蛋磕入碗内搅散。

2. 锅中放入花生油烧热，倒入牡蛎肉，加姜末翻炒至八成熟，再倒入鸡蛋液快速炒熟，然后加入葱花和食盐即可。

宝贝营养指南：

　　牡蛎所含的蛋白质中有多种优良的氨基酸，还富含各种微量元素和糖原，对生长发育、防贫血和增进智力都很有好处。用牡蛎和鸡蛋组合入菜，非常有利于消除脑疲劳，健脑益智。

食 材

猪肉泥 100 克，鹌鹑蛋 6 个，淀粉、花生油各适量，食盐、酱油各少许。

食 材

鹌鹑 2 只，香菇片 150 克，红枣 3 颗，枸杞子、姜片、葱段、淀粉、花生油、食盐、料酒各适量。

肉末炸鹌鹑蛋

妈咪巧手做：

1. 在猪肉泥中加入淀粉、食盐、酱油拌匀入味；将鹌鹑蛋放入开水锅中煮熟，捞出去壳。

2. 将鹌鹑蛋裹匀猪肉泥，下入烧热的花生油油锅中炸熟即可。

宝贝营养指南：

此菜适合给孩子补脑安神时食用。鹌鹑蛋富含蛋白质、脑磷脂、卵磷脂、维生素 A、维生素 B_1、维生素 B_2 及铁、磷、钙、锌等营养物质，补益气血、健脑益智的作用突出。

香菇蒸鹌鹑

妈咪巧手做：

1. 将鹌鹑杀洗干净后切成块；红枣去核后切成片；枸杞子泡洗一下。

2. 将鹌鹑块装碗，加入香菇片、红枣片、枸杞子、姜片、葱段，调入食盐、料酒、淀粉拌匀后摆入蒸盘，入蒸锅隔水蒸熟，再淋上烧热的花生油即可。

宝贝营养指南：

此菜颇具补益功效，除可补脑外，还能补血明目、健脾胃。鹌鹑肉对调理营养不良、体弱乏力者很有作用，所含丰富的卵磷脂更是高级神经活动不可缺少的营养物质，健脑作用极佳。

花生米鸡丁

食 材

鸡肉丁150克，花生米、黄瓜丁各100克，花生油、八角、淀粉、食盐、鸡汁、姜末、料酒、葱末各适量。

妈咪巧手做：

1. 将花生米洗净入锅，加适量水，放入八角、食盐烧开，再加入少许冷水，用中火煮熟花生米，捞出。

2. 鸡肉丁用食盐、料酒、淀粉拌匀上浆。

3. 炒锅中放入花生油烧热，下入鸡肉丁翻炒片刻，加入葱末、姜末炒匀，再加入黄瓜丁和花生米，调入食盐、鸡汁炒匀即可。

宝贝营养指南：

　　花生所含的营养物质能增强脑功能和记忆力，抗衰老，和鸡肉荤素搭配，能滋养健身、健脑增智。

松仁鸡米

食 材

鸡胸脯肉 200 克，松子仁 50 克，红甜椒 50 克，鸡蛋清（1 个鸡蛋的量），花生油、料酒、上汤各适量，食盐 5 克，葱末 15 克，姜末 15 克，淀粉 20 克。

妈咪巧手做：

1. 将鸡胸脯肉、红甜椒均切成松子仁大小的丁；鸡蛋清加淀粉调成蛋清糊；鸡胸脯肉丁加食盐、料酒、蛋清糊浆好；用食盐、葱末、姜末、上汤、淀粉调成芡汁。

2. 锅内放花生油烧至四成热，下入鸡胸脯肉丁和松子仁，过油后倒出沥油。

3. 锅内留少许油，下入红甜椒丁炒香，倒入鸡胸脯肉丁和松子仁，加入芡汁炒匀即成。

宝贝营养指南：

　　鸡肉鲜嫩、松仁脆香。此菜对大脑和神经极为补益，有助于儿童生长发育，补充脑力。

食材

番茄块 150 克，鸡肉块 250 克，洋葱片、甜椒片各 50 克，番茄酱 20 克，料酒、食盐、胡椒粉、调和油各适量。

食材

鸡肉末 300 克，熟蛋黄 2 个，番茄片 80 克，生菜 50 克，淀粉 15 克，食盐、胡椒粉、植物油各少许。

番茄烧鸡块

妈咪巧手做：

1. 锅中放入调和油烧热，炒匀番茄酱，加入鸡肉块、料酒、胡椒粉炒至香味浓郁。

2. 加入洋葱片、甜椒片、番茄块和少许水炒匀，调入食盐烧至熟透即可。

双色鸡肉丸

妈咪巧手做：

1. 鸡肉末加食盐、胡椒粉、植物油和淀粉拌匀。

2. 锅内加适量清水烧至微开，取一半鸡肉末挤成丸子，下锅煮熟；另一半鸡肉末加入压碎的熟鸡蛋黄搅匀，也挤成丸子下锅煮熟。

3. 另起锅倒入丸子汤，加食盐烧开，再放入番茄片、生菜、鸡肉丸，稍煮片刻即可。

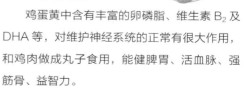

宝贝营养指南：

　　番茄有很好的抗氧化作用，能促进消化、防治心血管疾病；鸡肉中蛋白质含量高，富含对人体生长发育有重要作用的磷脂类，搭配含维生素丰富的洋葱等蔬菜，对补充脑力、改善营养不良很有帮助。

宝贝营养指南：

　　鸡蛋黄中含有丰富的卵磷脂、维生素 B_2 及 DHA 等，对维护神经系统的正常有很大作用，和鸡肉做成丸子食用，能健脾胃、活血脉、强筋骨、益智力。

食 材

兔肉丝 200 克，红、黄、绿三色甜椒丝各 150 克，葱丝 20 克，姜丝 10 克，食盐、鸡精、植物油各适量。

三椒炒兔肉丝

妈咪巧手做：

1. 锅中放入植物油烧热，下入兔肉丝，过油后捞出，再下入三色甜椒丝，过一下油后马上出锅。

2. 炒锅中下植物油烧热，煸香姜丝、葱丝，加入兔肉丝、三色甜椒丝炒匀，调入食盐、鸡精炒熟即可。

宝贝营养指南：

　　兔肉的蛋白质丰富，富含人体必需的 8 种氨基酸，所含的卵磷脂是大脑神经不可缺少的营养物质，健脑益智的作用很突出。

食 材

鳝鱼 300 克，净绿豆芽 150 克，鸡蛋清（1 个鸡蛋的量），食盐、胡椒粉、料酒、酱油、湿淀粉各少许，葱末、姜末、蒜末各 10 克，植物油适量。

豆芽鳝丝

妈咪巧手做：

1. 将鳝鱼杀洗后切成段，顺长切成丝，用鸡蛋清、湿淀粉、食盐拌匀；把料酒、酱油、胡椒粉、食盐和湿淀粉调成味汁。

2. 植物油烧至六成热，下入鳝鱼丝拨散滑透后倒出。

3. 原锅留底油，下葱末、姜末、蒜末爆香，放入绿豆芽略炒，再加入鳝鱼丝、味汁炒熟即可。

宝贝营养指南：

　　鳝鱼中富含的 DHA 和卵磷脂是脑细胞不可缺少的营养成分，它还含较多维生素 A，能增强视力。加入绿豆芽，加强了补脑增智、健身强体的作用。

松子鱼仁

食 材

松子仁 50 克，净鱼肉 200 克，鸡蛋清（1 个鸡蛋的量），干淀粉 15 克，湿淀粉、料酒、食盐、鲜汤、葱末、姜末、植物油各适量。

妈咪巧手做：

1. 将净鱼肉切成丁，加鸡蛋清和少许料酒、食盐、干淀粉抓匀上浆。

2. 锅里放植物油烧热，下入鱼肉丁滑透后捞出，再下松子仁炸香后倒出沥油。

3. 炒锅下底油，爆香葱末、姜末，下入料酒、鲜汤、食盐烧开，用湿淀粉勾芡，放入鱼肉丁、松子仁，炒匀即可。

宝贝营养指南：

此菜用草鱼腩、鳜鱼、鲈鱼、鳕鱼均可。吃鱼肉能让孩子更聪明；松子中的磷、锰及维生素 E 对大脑、神经系统极为补益，能促进神经的传导功能，补充脑力。

百合炒鱼片

食 材

鲷鱼肉 200 克，百合 100 克，甜椒片 100 克，葱末、姜末、香油、料酒、淀粉、食盐、胡椒粉、色拉油各适量。

妈咪巧手做：

1. 将百合掰成小瓣，泡洗干净；鲷鱼肉切成片，加食盐、料酒腌渍 10 分钟，再加淀粉拌匀。

2. 炒锅内烧热色拉油，爆香葱末、姜末，再加少许水煮开，加入百合、甜椒片、鲷鱼肉片以大火炒匀，再加入料酒、食盐、胡椒粉、香油炒熟即可。

宝贝营养指南：

　　百合营养丰富，有养心安神、润肺止咳的功效；鲷鱼肉易消化，可补脾养胃、强身健脑。儿童常吃些鱼肉，能健脑、抗疲劳。

食 材

鲫鱼1条，猪血100克，嫩豆腐100克，姜片10克，葱段10克，香菜段、花生油、食盐、胡椒粉、料酒、香油各适量。

鲫鱼炖红白豆腐

妈咪巧手做：

1. 将猪血、豆腐分别切成块，放入开水锅余一下，捞出；鲫鱼杀洗后去鳞、内脏，处理干净。

2. 锅内放花生油烧热，下入鲫鱼用小火煎至两面微黄，放入姜片、料酒和清水。

3. 烧开后放入猪血块、豆腐块，用中火煮至汤汁呈奶白色，加入葱段、食盐、胡椒粉、香菜段，淋入香油即可。

宝贝营养指南：

　　鲫鱼和豆腐营养全面，蛋白质优良，豆腐中丰富的大豆卵磷脂有益于孩子神经、大脑的发育。猪血可补血、行血，清除体内有害物质。三种食材同炖，可补虚健脑，增强抗病能力。但身体有病期间不宜吃猪血，在配菜时也可去掉猪血。

食 材

鲑鱼肉200克，青豆100克，食盐少许，植物油适量。

青豆炒鲑鱼

妈咪巧手做：

1. 将鲑鱼肉洗净，切成丁；青豆洗净，用温水泡10分钟。

2. 锅中倒入水，烧沸，下入青豆，煮熟后捞出。

3. 炒锅内放植物油烧热，放入鲑鱼肉丁炒匀，加入青豆，调入食盐，炒至鱼丁刚熟即可起锅。

宝贝营养指南：

　　鲑鱼肉很适合儿童食用，含有丰富的钙、磷及不饱和脂肪酸，所含的 Ω-3 脂肪酸更是脑部、视网膜及神经系统所必不可少的营养物质。儿童常食鲑鱼肉有强健骨骼、增强脑力和保护视力的功效。

食 材

虾仁 150 克，芦笋段、玉米笋段各 100 克，红椒片 30 克，湿淀粉、食盐、植物油各适量。

虾仁双笋

妈咪巧手做：

1. 将虾仁去泥肠，洗净，入碗加湿淀粉和少许食盐拌匀；芦笋段、玉米笋段分别焯水后沥干。

2. 炒锅内放植物油烧热，放入虾仁滑炒片刻后出锅。

3. 原锅内再下花生油，放入红椒片、芦笋段炒匀，加入玉米笋段翻炒，再放入虾仁、食盐，炒匀即可。

宝贝营养指南：

　　玉米笋、芦笋能增食欲、助消化、除疲劳，此菜对调节神经功能和增强脑力很有帮助。

食 材

鲜贝 200 克，小番茄（圣女果）150 克，葱段 15 克，食盐、湿淀粉、花生油各适量。

小番茄炒鲜贝

妈咪巧手做：

1. 将小番茄洗净，每个切成两半；鲜贝洗净，切成小块。

2. 炒锅中放入花生油烧至四成热，放入鲜贝块及小番茄，滑油至将熟时捞出。

3. 锅中留少许底油，爆香葱段，再下入鲜贝块、小番茄、食盐炒匀，用湿淀粉勾芡即可。

宝贝营养指南：

　　食用鲜贝能降低血清胆固醇，食后让人感觉清爽。儿童适当食用贝类，可健脑养脑。小番茄中各类维生素丰富，可促进红细胞生成，提高抗病能力。

食 材

鱼肉 200 克,香菇 4 朵,葱、姜、盐、生抽、料酒、味精各适量,小麦面粉 200 克,清水适量。

香菇鱼香饺

妈咪巧手做:

1. 将香菇浸泡至软,切粒。

2. 把鱼肉剁碎,加入香菇、葱、姜、料酒、盐、生抽、味精调好馅儿。

3. 将面粉放入盆内,加入清水,将面揉至外表光滑,醒半小时。

4. 将面团分成一个个小剂子,擀成薄皮,放上拌好的馅儿,包成饺子。

5. 把包好的鱼肉饺上锅蒸制 5～8 分钟即可。

宝贝营养指南:

　　小麦面粉富含蛋白质、碳水化合物、维生素和钙、铁、磷、钾、镁等矿物质,有养心益肾、健脾厚肠、除热止渴的功效。鱼肉细腻、味道鲜美、营养丰富,含蛋白质、维生素 A、矿物质等营养元素。常食鱼肉饺对治疗贫血、营养不良和神经衰弱等症会有一定的辅助疗效。

食材

粉丝 50 克，肉馅 100 克，鸡蛋 1 个，蒜、盐、葱花、香菇、小白菜、鸡精、植物油、香油各适量。

肉丸粉丝汤

妈咪巧手做：

1. 在肉馅里加一个鸡蛋，然后顺着一个方向调匀。

2. 锅里放植物油，放一点蒜炒香。

3. 先放一大碗水煮沸，再放入香菇和粉丝。

4. 将调好的鸡蛋肉馅用勺子做成丸子，放入煮开的汤里，煮沸后加盐。

5. 最后加小白菜和葱花，再加香油和鸡精起锅即可。

宝贝营养指南：

　　肉丸含有多种营养物质，可以充分补充人体需要的营养，增强抵抗力。白菜丸子汤是很容易做的一道菜，秋天吃，既美味又滋补，非常不错哦。

食材

鲈鱼1大条，松子仁、虾仁各30克，香菇丁、豌豆各15克，番茄酱20克，湿淀粉25克，白砂糖、料酒、葱姜汁、醋、胡椒粉、食盐、生粉、植物油各适量。

松鼠鲈鱼

妈咪巧手做：

1. 将鲈鱼杀洗干净，鱼头切下待用，再从背脊两侧顺着龙骨下刀，到鱼尾3厘米左右处，剔除鱼骨，鱼肉成两片，鱼尾连着，在鱼肉上剞上花刀，然后放食盐、胡椒粉、料酒、葱姜汁腌渍20分钟。

2. 松子仁用植物油炸熟；虾仁切丁，和豌豆、香菇丁一起用开水汆一下。

3. 锅内烧热植物油，把腌好的鲈鱼拍匀生粉，鱼头也拍满生粉，分别下入热油锅中炸至淡黄色时捞出，油温升高后再复炸至熟，入盘摆成松鼠形，撒上松子仁。

4. 另取锅烧热油，下入虾仁丁、豌豆、香菇丁炒熟，烹入用湿淀粉、番茄酱、白砂糖、醋、料酒、食盐和少许水调制的芡汁炒匀，浇在鱼身上即成。

宝贝营养指南：

　　鲈鱼营养全面，有补脑力、养气血、补肝肾、益脾胃的功效，常吃有助于维持神经系统的正常功能，促进大脑发育。

PART ③

儿童补钙营养餐

baby food

3～5岁
儿童如何补钙

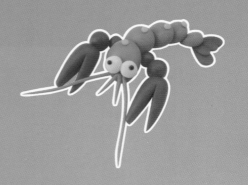

钙是人体内所有矿物质中最多的一种，是构成骨骼和牙齿的主要成分。虽然现在的父母都比较注重给孩子补钙，但孩子仍会有缺钙的情况出现。只有找到合适的方法，才能为孩子顺利补钙。

钙剂不能与一些植物性和油脂类食物同吃，因为油脂分解后会生成脂肪酸，与钙结合后不容易被吸收，因此每顿膳食不要吃过多的肉、蛋，否则会影响钙的吸收。有些植物性食物，如菠菜、苋菜等都含草酸盐、碳酸盐、磷酸盐等，会和钙相结合而妨碍人体对钙的吸收。

补钙的剂量：一般 2 岁以下的儿童每天需要补充 400 毫克的钙，3 ～ 12 岁的儿童每天需要 800 毫克的钙。但儿童每天从食物中摄取的钙质大约只有需要量的 2/3，需额外补充欠缺的钙。如果孩子体内缺乏维生素 D，肠道对钙的吸收还会减少。

多吃含钙丰富或能促进钙吸收的食物：奶类（人奶、牛奶、羊奶等）含钙较丰富，吸收也充分；动物肝脏、蛋黄、鱼、肉及豆类富含维生素 D，能促进人体对钙的吸收，但动植物中的维生素 D 要经过紫外线照射转化为内源性维生素 D，才能被人体利用，故孩子要适当晒晒太阳。海带、小虾皮等海产品含钙量高；紫菜、菜花含钙也较丰富，蚕豆连皮吃可提高钙的吸收；骨头加醋熬汤，可增加钙质溶于汤中的量。

适当服用钙制剂：选用钙剂要本着安全无副作用、含量高、吸收率高的原则。可在专业人士指导下补充葡萄糖酸钙、乳酸钙或碳酸钙。其中碳酸钙是含钙量最高的一种，吸收率可达 39%，可溶于胃酸，是剂型最多、应用最广泛的钙制剂。但要注意组方的差别，维生素 D 和碳酸钙组合能更好地促进人体对钙的吸收。

注意钙磷比例：磷是人体必需的矿物质，但磷摄入过多会与钙元素形成磷酸钙。食物中的钙磷之比为 2：1，牛奶中的钙磷之比为 1.2：1 时最有利于钙的吸收。平时要注意增加含钙高而含磷相对少的食物，如绿叶蔬菜汤或菜泥、苹果泥和蛋类等，以矫正钙磷之比。

儿童补钙的常见食物

日常膳食中，父母应多注意搭配含钙量高的食物，来达到为孩子补钙的目的。

牛奶：营养全面，不仅含钙丰富，还含有优质蛋白质、多种氨基酸、乳酸、矿物质及维生素，易被人体消化和吸收。因此，牛奶可作为孩子日常补钙的主要食品。此外，其他奶制品，如酸奶、奶酪、奶片等也都是钙的良好食物来源。

黑芝麻：黑芝麻是很好的补钙来源，其补钙、养生效果优于白芝麻数倍。不爱喝牛奶的人，可以一天吃3匙黑芝麻来替代。此外，芝麻酱含钙量也很高。

动物骨头：动物骨头里80%以上都是钙，但是不溶于水，难以被人体吸收，所以给孩子制作时可以事先敲碎它再熬汤，加一点儿醋后用小火慢煮更利于钙释出。羊骨和猪骨是比较适宜的，都含有大量的磷酸钙，还含有骨胶原、骨类黏蛋白、弹性硬蛋白等物质，敲碎后熬汤也是儿童补钙的良好选择。

虾皮：虾皮是海产小毛虾经过煮熟、晒干等工序加工而成的高钙海产品。虾皮含有丰富的矿物质，尤其是含钙量高，素有"钙库"之称，对于1岁以后的幼儿来说，虾皮是钙

的"速补剂"。将虾皮（或剁碎）添到汤、泥、面条中，或入馅包小馄饨、小饺子，十分适宜作为补钙食物。

豆制品：大豆制品（如豆腐、豆浆等）都是优质高蛋白食物，含钙量也很高，是日常辅食良好的钙来源。嫩豆腐是孩子常会接触到的豆制品，营养全面，含钙量十分丰富，消化吸收率高，有"植物肉"之称，对于成长发育中的儿童十分适宜。

绿色蔬菜和菌类：蔬菜中也有许多高钙的品种，如雪里蕻、小白菜、油菜、白菜、菠菜等；而像口蘑、鸡腿菇、香菇、黑木耳等菌菇类食物也都是补充钙的理想食物。

另外，黄花菜、紫菜、海带、榛子、核桃、松仁、玉米、虾和海鱼肉中也都含有丰富的钙，可以在配餐中经常给孩子搭配。

花豆腐

食 材

老豆腐 100 克，熟
鸡蛋黄 2 个，小白
菜 30 克，豌豆淀粉
10 克，食盐、葱姜
水各少许。

妈咪巧手做：

1. 将熟鸡蛋黄研磨成碎末；老豆腐焯水后，入碗研磨碎。

2. 将小白菜洗净，用开水烫一下，切碎装碗，加入豌豆淀粉、
食盐、葱姜水和豆腐泥拌匀。

3. 把蛋黄末撒在豆腐泥上，入蒸锅以中火蒸透，拌匀即可。

宝贝营养指南：

　　豆腐和小白菜都含有丰富的钙，两者组合是食物补钙的理
想选择。

食 材

嫩豆腐1块，儿童
奶酪片2片，番茄
60克，食盐、植物
油各少许。

奶酪豆腐

妈咪巧手做：

1. 用厨房纸巾吸除嫩豆腐表面的水分，切成片，撒上少许食盐；番茄烫洗干净，切成小粒。

2. 平底锅中烧热植物油，放入豆腐片，用小火煎至两面金黄，铺上奶酪片，盖上锅盖焖至奶酪化开，加入番茄粒，再焖片刻即可。

宝贝营养指南：

奶酪是牛奶浓缩后的产物，保留了牛奶的营养精华部分，是补钙佳品，能增加牙齿表层的含钙量，防龋齿。奶酪和富含植物蛋白、钙的豆腐组合，可促进儿童骨骼的生长发育和神经系统的发展。

食　材

鲜牛奶 500 毫升，大米、燕麦片各 80 克，白砂糖、葡萄干各少许。

食　材

虾仁、油菜段、鱼肉片各 100 克，豆腐 150 克，姜末、葱花各 5 克，熟猪油 10 克，高汤适量，湿淀粉、食盐、香油各少许。

浓香麦片粥

妈咪巧手做：

1. 将大米淘洗干净；葡萄干用温水泡洗一下。

2. 粥锅内倒入适量水烧开，放入大米以大火煮沸，转小火熬煮 30 分钟至粥稠，放入燕麦片拌匀，再加入鲜牛奶，以中火煮沸，加入白砂糖和葡萄干即可。

宝贝营养指南：

　　燕麦片是含钙和维生素 A 最丰富的谷类食物，磷、铁、锌、硒等矿物质也很齐全；牛奶及乳制品是补钙和优质蛋白质的极佳食物来源。此粥营养全面，可促进骨骼生长发育以及大脑和心血管的健康。

鱼虾豆腐羹

妈咪巧手做：

1. 将虾仁挑去泥肠，洗净；鱼肉片用沸水汆一下；豆腐切片。

2. 锅中放入熟猪油烧热，用葱花、姜末爆锅，放入油菜段稍炒，倒入高汤烧沸。

3. 放入虾仁、鱼肉片、豆腐片烧开，用湿淀粉勾芡，加入食盐、香油再稍煮即可。

宝贝营养指南：

　　此菜荤素搭配合理，可补肝肾、壮体力、补脑力、增智力，所含丰富的钙还可促进骨骼健康，提高抗病能力。

食 材

豆腐 150 克，菜花 100 克，虾皮 20 克，葱末、姜末各 10 克，鲜汤适量、食盐、香油各少许。

菜花豆腐汤

妈咪巧手做：

1. 将豆腐洗净，切成小方块；菜花泡洗干净，切成小朵；虾皮用温水泡发。

2. 锅内倒入鲜汤烧开，下葱末、姜末煮开，加入菜花、豆腐块、虾皮煮透，调入食盐、香油即可。

宝贝营养指南：

　　适当多吃菜花可增强肝脏解毒能力，提高机体的免疫力，预防感冒。虾皮中的钙含量极高，再加上同样含钙较多的豆腐和菜花，使此汤可作为儿童的补钙营养餐。

食 材

嫩豆腐 150 克，海米 5 克，清鸡汤、酱油、香油各少许。

海米蒸豆腐

妈咪巧手做：

1. 把嫩豆腐切成小块，用开水焯一下，捞出装碗。

2. 海米用温水泡软，切成末，放入嫩豆腐中，加入酱油、香油和清鸡汤，入锅蒸熟即可。

宝贝营养指南：

　　豆腐和海米都是钙的极佳食物来源，两者组合是膳食补钙的理想选择。另外，虾皮有"钙库"之称，含有丰富的蛋白质和钙，是极佳的补钙食品，因此也可选用虾皮来做此菜。

虾泥豆腐

食 材

豆腐 300 克，鲜虾 100 克，黄瓜丁 50 克，香菇丁 30 克，食盐、胡椒粉、香油、花生油各适量。

妈咪巧手做：

1. 将鲜虾背部切开，除去泥肠，去壳，剥出虾仁洗净，剁成虾泥，加食盐、胡椒粉、香油搅拌至起胶。

2. 用纱布包裹豆腐洗净，压成泥状。

3. 将豆腐泥与虾胶混合拌匀，再加入香菇丁和少许食盐拌匀，放入抹了花生油的蒸盘，入蒸锅蒸熟，再撒上黄瓜丁，淋上少许烧热的花生油即可。

宝贝营养指南：

豆腐和虾都是良好的钙的食物来源，而虾和香菇还富含能促进钙吸收的维生素 D。几种营养全面的食物组合，有益于补钙壮骨，维护健康。

鲜蘑腐竹

食材

鲜蘑150克，干腐竹100克，鸡汤、花生油各适量，料酒、食盐、姜末、湿淀粉各少许。

妈咪巧手做：

1. 将干腐竹用清水泡发，切成小段；鲜蘑洗净，切成小块。两者都下入开水锅烫一下后捞起。

2. 炒锅烧热花生油，爆香姜末，加入料酒、鸡汤、食盐，放入腐竹段煨香，再加入鲜蘑块拌炒至收浓汁，用湿淀粉勾芡即成。

宝贝营养指南：

　　腐竹和蘑菇都含丰富的优质蛋白质和钙、锌，必需氨基酸较全，这对大脑神经的健康和促进智力很有帮助。而钙除了与骨骼生长息息相关外，还对维护心脏健康、控制神经系统感应很重要。

食 材

豆皮1张，绿豆芽50克，胡萝卜丝30克，圆白菜丝40克，豆腐干50克，食盐、香油、植物油各适量。

食 材

鱼肉100克，肉汤适量，酱油、奶油各少许。

蔬菜豆皮卷

妈咪巧手做：

1. 将豆腐干切成丝；绿豆芽择洗干净。

2. 绿豆芽、胡萝卜丝、圆白菜丝、豆腐干丝用开水烫透，一起装碗，加食盐和香油拌匀。

3. 将拌好的蔬菜豆腐干摊放在豆皮上，卷成卷，下入烧热植物油的锅中，用小火煎至金黄后捞出，切成小段装盘。

奶油鱼末

妈咪巧手做：

1. 把鱼肉洗净后放入开水中煮熟，取出后剔一遍鱼刺，然后把鱼肉切成碎末。

2. 锅内加肉汤和少许酱油置火上，加入鱼肉末，边煮边用小勺搅拌，煮至鱼肉熟透时再加入奶油拌匀即可。

宝贝营养指南：

还可用高汤调些芡汁浇在豆皮卷上。豆皮中含有黄豆的营养精华，含优质蛋白质和多种矿物质，尤其是可提供丰富的钙，所搭配的绿豆芽、豆腐干、圆白菜等也都富含钙。本菜营养全面，对促进儿童生长发育有益。

宝贝营养指南：

这是一款适宜低龄儿童的营养餐。鱼肉中钙、铁、磷、锌、碘等含量十分丰富，给孩子食用很有益。要经常给孩子吃各种富含钙、维生素D、蛋白质的食物，如谷物类、蔬菜、蛋黄、牛奶及乳制品、豆制品、鱼类都很适宜。

食 材

鲈鱼 1 条，西蓝花 100 克，香菇块、胡萝卜片各 50 克，鲜汤、花生油、食盐、料酒、胡椒粉、淀粉各适量。

食 材

鲈鱼 1 条，火腿丝 50 克，姜丝 15 克，葱丝 20 克，生抽 25 克，食盐、淀粉少许，植物油适量。

香滑烧鲈鱼

妈咪巧手做：

1. 将鲈鱼杀洗干净后切成块，加食盐、料酒、淀粉腌渍片刻；西蓝花洗净，切成小朵，炒熟后摆盘。

2. 锅中放入花生油烧热，下入鲈鱼块炸熟后捞出。

3. 锅留底油，下香菇块和胡萝卜片炒香，加入鲈鱼块、鲜汤、食盐、胡椒粉，烧至收汁，用少许淀粉加水调匀，勾薄芡，倒在西蓝花上即可。

火腿丝蒸鲈鱼

妈咪巧手做：

1. 将鲈鱼杀洗干净，去除鱼脊骨，用食盐、淀粉涂匀鱼身，把火腿丝塞入鱼腹中，盛盘入锅蒸熟。

2. 炒锅中放入植物油烧热，放入姜丝、葱丝爆香，浇在鲈鱼身上，再淋上生抽即可。

宝贝营养指南：

　　西蓝花、香菇、胡萝卜都是素食中补钙的良好品种，加上营养全面的鲈鱼肉，有补肝肾、益脾胃、强筋骨的作用，可促进儿童健康发育。

宝贝营养指南：

　　鲈鱼富含蛋白质、维生素 A、B 族维生素及钙、镁、锌、硒、铜等矿物质，可补肝肾、益脾胃，是强身补血、健脾益气的佳品。

奶黄西蓝花

食 材

西蓝花 200 克，鲜牛
奶 60 克，奶酪 30 克，
鸡蛋 1 个，白砂糖、
食盐、干淀粉、湿淀
粉、黄油、色拉油各
少许。

妈咪巧手做：

1. 将西蓝花洗净，切成小朵，入沸水锅中煮熟后装盘，撒
上少许食盐。

2. 将一半鲜牛奶和鸡蛋、奶酪、黄油、白砂糖、干淀粉混合，
搅拌均匀，入锅蒸熟，铺放在西蓝花上。

3. 锅中下少许色拉油，加入剩余的牛奶烧开，用湿淀粉勾芡，
淋在西蓝花上即可。

宝贝营养指南：

　　常吃西蓝花能提高免疫力，其含钙量也多，再配上含钙
丰富的奶酪、牛奶，可成为儿童补钙的理想餐。本菜使用
的奶酪应选用儿童专用的奶酪。奶酪含盐分，故加盐要减量。

山药煎饼

食材

山药 400 克，面粉 50 克，鸡蛋 1 个，奶酪 20 克，牛奶、白砂糖、植物油各适量。

妈咪巧手做：

1.将山药去皮后洗净，入锅煮至八成熟时研磨成泥，加入面粉、鸡蛋、奶酪、牛奶、白砂糖顺同一个方向搅拌成稠糊状。

2.平底锅内倒入植物油烧热，取一团山药糊放入锅内，轻按成小圆饼，用小火煎至熟透即可。

宝贝营养指南：

　　山药能滋补强体，可增强免疫力，加入营养全面（尤其是含钙丰富）的奶酪和牛奶，可平衡孩子的营养摄取。

 食 材

鸡蛋 2 个，鲜虾仁 100 克，嫩
豆腐 60 克，葱姜汁、食盐、湿
淀粉各少许，植物油适量。

食 材

银鱼 50 克，鸡蛋 3 个，葱
白末 15 克，食盐、香油各
少许，花生油适量。

蛋皮虾仁如意卷

妈咪巧手做：

1. 将虾仁处理干净，切碎；豆腐洗净，捣成泥。

2. 将鸡蛋打匀，用平底锅加少许植物油摊成 2 张薄蛋皮；豆腐泥与虾仁末混合，加入葱姜汁、食盐、湿淀粉和少许植物油拌匀。

3. 鸡蛋皮摊平，把拌好的虾馅铺匀，分别由两边卷至中间，接口抹上湿淀粉糊粘牢，摆盘入锅蒸熟，再切成小段即可。

宝贝营养指南：

　　三种食材的优质植物蛋白、动物性蛋白搭配，各类营养素齐全，尤其是豆腐和虾仁都可提供丰富的钙质，使此菜成为补钙的佳肴。

香炸银鱼

妈咪巧手做：

1. 将银鱼泡洗干净，沥干；鸡蛋打入碗中搅匀，加入银鱼、食盐、香油拌匀。

2. 锅中倒入花生油烧热，再倒入拌好的银鱼蛋液煎至半熟，放入葱白末。

3. 用锅铲将蛋饼卷成圆筒状，再以中火煎至熟透，盛出切成小段即可。

宝贝营养指南：

　　银鱼含钙相当丰富，其他营养素亦很全面，加上其鱼骨极为细软，可整条食用，易被人体消化吸收，对孩子骨骼发育和身体健康很有益。银鱼还可润肺，善补脾胃，搭配鸡蛋尤其适宜体质虚弱、营养不足的孩子食用。

食 材

水发海带 50 克，鸡蛋 3 个，红甜椒粒 30 克，植物油适量，食盐、胡椒粉各少许。

海带煎蛋

妈咪巧手做：

1. 将海带洗净，挤干水分后切成小片，装碗后加入红甜椒粒、食盐、胡椒粉拌匀。

2. 将鸡蛋磕入碗中打散，加入拌好的海带片、红甜椒粒和少许食盐搅匀。

3. 炒锅中加植物油烧热，倒入拌好的海带蛋液，煎至熟透即可。

宝贝营养指南：

　　海带是补碘的极佳食物，还富含钙，与鸡蛋入菜，可为身体补充钙，还有助于促进大脑功能，增强记忆力。

食 材

紫菜 10 克，鸡蛋 3 个，韭菜 30 克，植物油 30 克，姜末、食盐、胡椒粉各少许。

紫菜煎蛋饼

妈咪巧手做：

1. 将紫菜用清水泡透去杂质，沥干、剪碎；鸡蛋磕入碗中打散；韭菜洗净，切成粒。

2. 在鸡蛋液中加入紫菜、韭菜粒、姜末、食盐、胡椒粉拌匀。

3. 炒锅中烧热植物油，倒入拌好的鸡蛋液，煎成饼状，待熟透呈金黄色后盛入碟内，用小刀切成小块即成。

宝贝营养指南：

　　紫菜的营养非常丰富，尤其以碘、钙、铁、锌、硒含量高，对孩子的正常生长发育和促进骨骼、牙齿的健康，以及预防贫血都很有助益。另外，紫菜中富含的胆碱成分有增强记忆的作用，和鸡蛋组合，更加强了补脑益智的功效。

紫菜卷

食 材

烤紫菜50克，猪肉泥200克，胡萝卜末100克，熟青豆30克，虾皮10克，熟嫩玉米粒15克，食盐、酱油、花生油、胡椒粉各少许。

妈咪巧手做：

1. 在猪肉泥中加入胡萝卜末、青豆、玉米粒和开水烫过的虾皮拌匀，放入所有调料拌匀制成馅儿。

2. 烤紫菜平铺，将肉馅挤成条状放在紫菜上，卷成紫菜卷生坯。

3. 将紫菜卷生坯上蒸笼蒸熟，取出晾凉后切成片，放入刷了花生油的热锅中煎至上色即可。

宝贝营养指南：

　　紫菜、虾皮中都含有丰富的钙、铁及碘、磷等矿物质，做成紫菜卷更可促进食欲和补充营养，有益于儿童生长发育。

食 材

猪瘦肉丝 100 克，水发黄花菜、金针菇各50 克，小白菜段 30 克，姜丝、淀粉、酱油、食盐、花生油各少许，高汤适量。

金针黄花瘦肉汤

妈咪巧手做：

1.将金针菇去根洗净，黄花菜洗净；瘦肉丝加酱油、淀粉拌匀，腌渍入味。

2.锅内烧开水，下入瘦肉丝煮至半熟时捞出。

3.另起锅烧热花生油，爆香姜丝，放入金针菇、黄花菜炒匀，加入高汤烧沸，再放入瘦肉丝、小白菜段，煮至熟透时加食盐调味即可。

宝贝营养指南：

　　黄花菜、金针菇都含钙丰富，搭配瘦肉食用，有健脑、明目、强健骨骼的功效。

食 材

排骨 600 克，黄豆芽 300 克，
番茄 100 克，食盐适量。

食 材

洋葱丝 100 克，猪扒肉 200 克，
鸡蛋 1 个，料酒、酱油、干淀粉、
湿淀粉各 10 克，高汤 100 克，
植物油适量，食盐少许。

番茄豆芽排骨汤

妈咪巧手做：

1. 将番茄洗净切块；黄豆芽择洗干净；排骨洗净后斩成小块，入沸水中汆一下。

2. 将排骨块放入锅中，加适量水，用大火煮沸，改小火炖 30 分钟。

3. 加入黄豆芽、番茄块，继续炖至排骨酥烂，加食盐调味即成。

宝贝营养指南：

　　黄豆芽中的营养易于被人体吸收，营养更胜黄豆一筹。黄豆在发芽过程中，更多的矿物质被释放出来，尤其是含钙量增加，还增加了人体对矿物质的人体利用率。黄豆芽和排骨组合，有助于强健骨骼、消除疲劳。

洋葱烧猪扒

妈咪巧手做：

1. 将猪扒肉拍松，切片，加入鸡蛋、干淀粉、食盐拌匀；用料酒、酱油、食盐、高汤调成味汁。

2. 锅中烧热植物油，放入猪扒肉滑油至变色后倒出。

3. 锅留底油，炒香洋葱丝，加入味汁、猪扒肉同烧，待汤汁渐干时用湿淀粉勾芡即可。

宝贝营养指南：

　　洋葱含蛋白质、粗纤维、钙、磷、铁、锌和丰富的维生素，有很强的杀菌能力，有助于防治骨质疏松；猪扒能提供优质蛋白质、钙和血红素铁。

PART 4

儿童补铁、补锌营养餐

baby food

3～5岁
儿童如何补铁

铁是人体必需的微量元素，是儿童健康生长发育必不可少的营养素。儿童长期缺铁可使血红蛋白减少，造成营养性贫血，还会影响发育，影响儿童的活动能力和智力发展，使身体免疫功能降低，易发生感染。预防儿童缺铁，首先应从日常膳食做起，因为人体内的铁主要来自于各种食物。但应注意，如果食物中铁的吸收和利用率不高，孩子也容易缺铁。

多吃富含铁的食物：这是补铁以及防止贫血的最主要和最直接的途径。在日常膳食中要适当加入动物血、大豆、黑木耳、海带、紫菜、芝麻酱、瘦肉、蛋黄和干果等，而动物类食物里的原血红素铁比植物类食物所含的铁更易被人体吸收。如果没有缺铁性贫血症状，一般只需为孩子添加含铁丰富的食物即可。

注意人体对食物中铁的吸收：要对人体对食物中铁的吸收率有一定了解。如动物性食物中的铁吸收率：鱼类 11%，瘦肉类

22%，蛋类 3%，动物肝脏 22%，动物血中含有血红蛋白，吸收率为 12%。植物性食物中的铁吸收率：玉米、黑豆约为 3%，小麦 5%，生菜 4%，大豆 7%。由此可以看出，人体对动物性食物中的铁吸收率比较高。

婴儿期母乳喂养：在婴儿期，孩子对母乳中铁的吸收率可达 50%，而对牛乳等乳类中的铁的吸收率仅为 2% ～ 10%。所以提倡 6 个月内的婴儿用纯母乳喂养。对于人工喂养的婴儿则必须及时添加含铁丰富的辅助食品。

维生素的相互协助有益于人体对铁的吸收：铁质完全吸收，需要维生素 A、维生

素 C、B 族维生素的相互协助，食物搭配是影响铁吸收的重要因素。含维生素 C、维生素 A 丰富的食物及鱼肉、猪肉、鸡肉等动物性食物能促进人体对铁的吸收。维生素 C 对铁的吸收起着重要作用，因为铁必须由高价铁转变为低价铁的复合物才能被人体充分吸收，这个过程需在维生素 C 的作用下完成。因此，补铁的同时宜添加维生素 C，新鲜蔬菜和水果均含有丰富的维生素 C。

植酸、草酸、鞣酸、磷酸等物质对铁的吸收有影响： 植酸、草酸、鞣酸、磷酸等物质与铁结合，容易形成不溶解物质。因此，这些物质都会影响铁的吸收。我国居民以植物性食物为主，因此，植酸、草酸、鞣酸、磷酸在日常饮食中较多，但这些物质经水煮后便会从食物中溶解到水中，这样就可减少其含量。

注意烹制食物的方法： 食品的加工烹调对于食品的含铁量有很大影响，父母为孩子制作食物时，可多用铁锅，有利于提高食物中铁的含量。但是烹调时要避免食物加热时间过长、温度过高，否则容易使食物中的铁遭到破坏。另外，碱性环境会妨碍铁的吸收，在烹调食物时，可适当加些醋之类的调味品，保持酸碱平衡，以促进铁的吸收。蔬菜在水中煮开后如果将水倒掉，铁质损失可达 20%。

另外，父母在给孩子补充铁时不能过度，否则会适得其反。应注意不要给不缺铁的孩子专门补充铁剂，正确的做法是根据孩子的情况，以缺或不缺来决定补或不补。

儿童补铁的常见食物

儿童补铁适宜选用的食物主要有动物肝脏、动物血、瘦肉、蛋黄、鱼肉、鸡、虾、核桃、海带、红糖、芝麻酱、豆制品以及菠菜、油菜、苋菜、荠菜、黄花菜、番茄、木耳、蘑菇和桃、葡萄、樱桃等蔬菜水果。动物性食物中的铁较植物性食物中的铁易于被人体吸收和利用。动物性食物（如肝脏、血、瘦肉）中的铁质是与血红素结合的铁，吸收率最好；豆类、绿叶蔬菜、禽蛋类虽为非血红素铁，但含量也高，可供利用。另外，还可给孩子吃些富含维生素 C 的水果及蔬菜，如苹果、番茄、橘子、菜花、土豆、卷心菜等，这有利于促进铁的吸收。

3～5岁
儿童如何补锌

　　锌是人体不可缺少的矿物质营养元素，对人体的正常代谢，保持正常味觉，促进儿童生长发育和组织再生，提高免疫功能都有特别重要的意义。儿童缺锌最受影响的是生长发育，严重时可造成智力障碍，动作及语言能力发育迟缓，影响儿童性器官发育和消化功能失常，导致偏食、厌食和易生病。但是，一般儿童在饮食正常、没有疾病和易感因素的情况下不易发生缺锌，补锌需要认真对待。

　　不要盲目补锌：如果发现孩子有疑似缺锌的情况，父母切不可马上片面地做出缺锌的判断，并随意大量给孩子补锌，因为许多症状并不只有缺锌才会造成。最好的处理方式是及时就医并做相关检查，让医生做出科学的综合判断。确认缺锌时，除膳食补充外，还可在专业人士指导下给予专门的补锌产品。补锌原则是"缺则补，不缺则不补"。

　　儿童多汗宜补锌：人体中多种微量元素都通过汗液排泄，锌便是其中之一。由于受遗传、生理或疾病的影响，有些儿童存在多汗的现象，大量出汗会使锌丢失过多，而缺锌又会降低机体的免疫力，造成身体虚弱，加重多汗，甚至形成恶性循环。所以，可在专业人士的指导下给这类孩子适当服用补锌口服液。

　　有挑食、偏食习惯的孩子可适量补锌：锌富含于牡蛎、瘦肉、动物内脏中，如果孩子因不良的饮食习惯而不吃或少吃这类食物，就可能会发生锌缺乏。

　　受感染的儿童要补锌：锌参与人体蛋白质、核酸等的合成，儿童受感染时对锌的需要量增加，而胃肠道吸收锌的能力会减弱。因此，受感染的儿童易缺锌，要适量补充锌剂和多吃富含锌的食物。

　　要和钙、铁同补：在补锌的同时最好补充钙和铁，这主要是因为钙、铁、锌三者有协同的作用，可互相促进吸收和利用。所以，儿童的饮食中要特别注意富含钙、铁、锌的食物的科学搭配和摄取。但是需要服用相关补充产品时，最好把补钙、补铁的营养品和补锌的营养品分开服用，时间隔开长一些为好，因为过多的钙与铁在人体吸收过程中反而可能干扰锌的吸收。

多吃富含锌的食物：为孩子补锌可以从食补和药补两个方面来考虑。充足、均衡的膳食营养供给是预防儿童缺锌的关键，而对于确诊缺锌的儿童才适宜专门补锌。膳食安排上可多吃富含锌的食物，如口蘑、西瓜子、虾、花生酱、猪肉、香菇、豆类、蛋、鱼和全谷类食品等。但需注意的是，补锌时的食物安排要相对精细一些。

选择适宜的补锌产品：家长在为需要补锌的孩子选用补锌产品时，要注意确认品质和含量。首选有机锌（乳酸锌、葡萄糖酸锌、醋酸锌等），对胃口刺激较小、吸收率高。目前有的生物制剂把锌与蛋白质有机结合起来，使锌的吸收率更高，副作用少，可优先选择。还要看说明书上的锌元素含量，这是计算孩子补锌量的标准，也是该补锌产品的效能标志。

走出"补锌越多越好"的误区：补锌并不是越多越好，补充的剂量应依年龄和缺锌程度而定。在计算补锌剂量时不宜超出中国营养学会推荐的锌摄入量标准（每日9毫克）过多。对于喂养困难而缺锌不严重的孩子也可适当给予补锌产品，饮食改善后可添加富含锌的食物，而减少锌剂用量。

儿童补锌的常见食物

预防孩子缺锌也应从日常膳食做起，因为锌在很多食物中都含量丰富。食物中的锌大部分与蛋白质及核酸结合，状态稳定，必须经过消化使锌解离后方可被人体利用。锌元素在海产品、动物内脏中含量最为丰富，一般动物性食物的含锌量比植物性食物高。

我们常吃的食物中含锌较多的有贝类食物（牡蛎、扇贝、干贝及贝肉）、动物肝脏、动物血、瘦肉、蛋类、谷类、干果（坚果）类等，而大多数的蔬菜、水果含锌量一般。适宜在孩子膳食中添加的补锌食物主要有芝麻、牛肉、动物肝脏、红色肉类、鸡肉、蛋类、干果类（如小核桃、杏仁）、虾、鱼肉、口蘑、香菇、银耳、金针菇和全谷类食物（如糙米、小米、燕麦、黑米等）。

小米蛋奶粥

妈咪巧手做：

1. 将小米淘洗干净，用冷水浸泡后沥水备用；枸杞子洗净，用清水稍泡一会儿。

2. 锅内加入适量冷水烧开，下入小米，用中火煮至米粒涨开，加入枸杞子、牛奶继续煮至米粒松软烂熟。

3. 鸡蛋磕入碗中用筷子打散，淋入奶粥中，加入白砂糖调味即成。

宝贝营养指南：

　　小米营养易于被人体吸收，含维生素 B_1、铁和锌较多，以小米熬粥有"代参汤"之称；牛奶、鸡蛋营养全面，也都富含锌和一定量的铁，三者同煮粥食用，可预防孩子缺锌、缺钙，促进健康发育。

食 材

大米 100 克，莲藕丝 100 克，鸡蛋 2 个，食盐、葱花、姜丝各少许。

莲藕蛋花粥

妈咪巧手做：

1. 将大米洗净，用清水泡 4 个小时；鸡蛋磕入碗内，打散。

2. 锅内放入适量清水烧沸，放入莲藕丝和大米，用大火煮开，放入姜丝，转小火煮粥，待粥熟时淋入鸡蛋液，搅成蛋花状。

3. 加食盐调好味，再撒入葱花即可。

宝贝营养指南：

　　藕富含铁、钙、植物蛋白、维生素，有补益气血、增强免疫力的作用，食欲不振、缺铁性贫血、营养不良者适宜多食。鸡蛋含锌量较高，和藕同入粥，可清热润肺、益血补髓、安神健脑。

香蕉 2 根，熟松子仁、燕麦、鲜牛奶、冰糖各适量。

食 材

樱桃 100 克，白砂糖 15 克。

香蕉燕麦粥

妈咪巧手做：

1. 将香蕉去皮，切片备用。

2. 锅内倒入适量清水煮沸，下入燕麦煮约 2 分钟，加入冰糖煮沸。

3. 倒入鲜牛奶拌匀，撒上香蕉片、熟松子仁即可。

宝贝营养指南：

　　香蕉含有多种维生素和矿物质，膳食纤维也较丰富；燕麦含铁、锌、钙及维生素 A 非常丰富，补益功效极佳；松子含铁、锌、钙也较多。三者搭配牛奶，营养全面，可为儿童的发育提供充足的营养。

糖水樱桃

妈咪巧手做：

1. 将樱桃洗净，切去叶柄，掏去核，放入锅内。

2. 锅中加入白砂糖及适量水，用小火煮 15 分钟左右，至樱桃煮烂后离火。

3. 将樱桃搅烂，倒入小杯内，晾凉后即可。

宝贝营养指南：

　　樱桃营养丰富，含铁量很高，还含有一定量的锌，常食可满足人体对铁元素的需求，促进血红蛋白再生，既可防治缺铁性贫血，又能健脑益智，还对调节食欲不振有益。但是应注意，孩子患热性疾病及虚热咳嗽时不宜食樱桃。

食 材

苹果 2 个，樱桃 8 个，白砂糖 20 克，奶油 60 克，牛奶少许。

食 材

净黄鱼肉 200 克，西芹 50 克，胡萝卜丝 50 克，香菇丝 100 克，熟松子仁 30 克，葱末、姜末、食盐、湿淀粉、胡椒粉、香油、植物油各适量。

奶油苹果

妈咪巧手做：

1. 将苹果洗净削皮，去核，切成小丁后捣成泥；樱桃洗净去核，每个切成两半。

2. 把苹果泥放入大碗中，加上奶油、白砂糖、牛奶搅拌至白砂糖溶化，放入冰箱 30 分钟后取出再搅拌至光滑，放入樱桃即可。

五彩黄鱼羹

妈咪巧手做：

1. 将净黄鱼肉切丁；西芹洗净，切成丝。

2. 锅中放入植物油烧热，下入葱末、姜末炒香，加入适量水烧开，放入西芹丝、胡萝卜丝、香菇丝、熟松子仁和黄鱼肉丁，用中火煮熟，加入食盐、胡椒粉，用湿淀粉勾芡，再淋上香油即可。

宝贝营养指南：

　　苹果和牛奶中丰富的钙和锌对促进生长发育至关重要，加上天然怡人的香气，对食欲不佳有良好改善。食樱桃可补充铁元素，促进体内血红蛋白的再生，防治缺铁性贫血。

宝贝营养指南：

　　此羹色彩诱人，晶莹透亮，鱼肉鲜嫩，滑爽可口，富含钙、铁、锌、磷等多种矿物质元素，可促进儿童健康发育，还对改善孩子的食欲很有帮助。

食 材

龙须面1小把，猪里脊肉末30克，虾仁末20克，青菜末25克，高汤适量，葱花、酱油、食盐、植物油各少许。

肉丝面

妈咪巧手做：

1. 锅内加适量清水烧沸，下入龙须面煮熟后捞出过凉，剪成段。

2. 炒锅中下入植物油烧热，放入葱花、里脊肉末炒匀，加入酱油，添入高汤，待肉末煮熟后加入虾仁末、青菜末、龙须面，煮沸后再加少许食盐，稍煮即成。

宝贝营养指南：

含铁和锌较多的食物有牡蛎、动物肝脏、动物血、瘦肉、虾仁、核桃、松子等，一般蔬菜、水果、谷类食物也都含有铁、锌，只要合理搭配，就能使孩子摄取均衡营养。

糯米红枣

食 材

红枣 200 克，
糯米粉 100 克，
白砂糖 50 克。

妈咪巧手做：

1. 将红枣洗净，每个对半剖开但不要切断，去掉核。

2. 将糯米粉加水揉匀，搓成小团，塞入红枣中，装盘。

3. 白砂糖用少许开水调匀，淋于红枣上，然后把糯米枣放入蒸锅中，蒸至熟透即成。

宝贝营养指南：

　　红枣的维生素含量很高，维生素 C 含量居果类之首，还富含钙、铁、锌等，糯米中的铁、锌含量亦十分丰富。两者组合，能促进骨骼健康，增强造血功能，有益于骨骼发育，预防贫血，促进智力。

食 材

米饭 1 碗，毛豆仁 30 克，鸡肉丁 30 克，鸡蛋 1 个，莴笋丁、红甜椒丁、香菇丁、食盐、植物油各适量。

食 材

猪肉馅 200 克，鸡蛋 3 个，水发银耳、水发黑木耳各 30 克，食盐、鸡精、胡椒粉、湿淀粉、植物油各适量。

毛豆鸡丁炒饭

妈咪巧手做：

1. 炒锅中放植物油烧热，下入毛豆仁、鸡肉丁炒香备用。

2. 原锅再放少许植物油，倒入打匀的鸡蛋液煎至嫩熟，捣成小块。

3. 炒锅再烧热植物油，炒香莴笋丁、香菇丁，加入红甜椒丁和炒过的毛豆仁、鸡肉丁，倒入米饭炒片刻，放入鸡蛋块，调入食盐炒匀即成。

宝贝营养指南：

毛豆营养均衡，富含有益的活性成分，所含的铁易于被人体吸收，加上富含铁、锌的鸡蛋和香菇、鸡肉等，更具营养功效。

双耳蒸蛋皮

妈咪巧手做：

1. 鸡蛋磕入碗中，加湿淀粉搅匀，用烧热的植物油摊成蛋皮。

2. 将水发银耳、水发黑木耳都切成小块，分别与一半猪肉馅搅拌匀，再加入食盐、鸡精、胡椒粉拌匀。

3. 鸡蛋皮平放在蒸盘上，铺上银耳肉馅，再铺一层黑木耳肉馅，折起做成双色肉饼，蒸熟后切成小块。

宝贝营养指南：

木耳中的多糖体能提高人的免疫力，具有疏通血管、清除血管中胆固醇的作用。

食 材

净鲈鱼肉 200 克，紫菜片 20 克，胡萝卜末、芹菜末各 25 克，食盐、胡椒粉、葱姜汁、料酒、鸡蛋清、花生油各适量，面包屑少许。

食 材

净莲藕 200 克，猪瘦肉泥 60 克，香菇末 30 克，葱段、姜片各 10 克，鸡蛋 1 个，花生油 300 克，鸡汤 50 克，干淀粉 30 克，湿淀粉 10 克，食盐适量。

紫菜鱼卷

妈咪巧手做：

1. 将鲈鱼肉剁成鱼泥，加入胡萝卜末、芹菜末、葱姜汁、鸡蛋清搅匀，再加食盐、胡椒粉、料酒调味。

2. 将紫菜片平铺，上面铺匀鲈鱼肉泥，卷成卷，并裹上一层面包屑。

3. 锅内放花生油烧至六成热，下入紫菜鱼卷，用小火煎熟，待稍凉切成小段即可。

宝贝营养指南：

　　鲈鱼和紫菜都富含钙、铁、锌，紫菜等海藻食物还富含甲状腺素的基本元素——碘，对生长发育及补益身体极为有益。

红烧莲藕丸

妈咪巧手做：

1. 将莲藕切成末，加入猪瘦肉泥、香菇末、食盐、干淀粉和鸡蛋，搅打至起胶，团成丸子。

2. 锅中放花生油烧热，放入莲藕丸炸至外黄里熟时捞出备用。

3. 锅留底油，煸香姜片、葱段，放入莲藕丸、鸡汤烧开，再加少许食盐，用湿淀粉勾芡后烧透即可。

宝贝营养指南：

　　莲藕、猪瘦肉都富含有机铁，能防治缺铁性贫血，滋补肝肾，益智健脑。儿童夏季宜多吃些营养足、能消暑的食物，莲藕就是良好的选择。

莲藕炒牛肉

食 材

莲藕片 200 克，嫩牛肉片 150 克，蒜蓉、姜末、葱花各 10 克，生抽、淀粉、料酒、食盐各少许，花生油适量。

妈咪巧手做：

1. 将牛肉片加生抽、淀粉拌匀，腌渍片刻，下入烧热花生油的锅中炒至将熟时盛出。

2. 炒锅内再放花生油烧热，下入莲藕片炒香，加食盐和少量水炒匀，收汁时盛出。

3. 炒锅再烧热少许花生油，爆香姜末、蒜蓉，下入嫩牛肉片炒几下，加入料酒、莲藕片、葱花炒匀即可。

宝贝营养指南：

　　莲藕含铁量较高，有补心生血、滋养脾胃之效。牛肉含优质蛋白质，所含的矿物质中铁、磷、锌最为丰富。食用此菜能提高机体抗病能力，对病后调养、促进恢复很有益。

食 材

海带结 200 克，玉米笋 200 克，鸡肉丝 100 克，红椒条 15 克，鸡蛋清、蒜蓉、食盐、淀粉、蚝油、花生油各适量。

海带玉米笋

妈咪巧手做：

1. 将玉米笋洗净，用沸水焯透后过凉，切成段；海带结泡洗干净。

2. 鸡肉丝中加入鸡蛋清、食盐、淀粉拌匀，下入烧热花生油的锅内炒香后盛出。

3. 炒锅再烧热花生油，爆香蒜蓉，放入玉米笋段、海带结、鸡肉丝、红椒条炒匀，加入蚝油、食盐，翻炒入味即可。

宝贝营养指南：

　　此菜适宜 4 岁以上的儿童食用。海带含矿物质丰富，尤其是碘和铁较多，适量食用能预防贫血和单纯性甲状腺肿大，增强免疫力和调节神经系统功能。

食材

毛豆仁、花生米各50克，豆腐干、胡萝卜丁各30克，沙茶酱5克，食盐、葱末各少许，花生油适量。

食材

干紫菜15克，白菜末100克，胡萝卜丝150克，鸡蛋2个，猪肉泥150克，姜粉、食盐、鸡精、香油各少许，植物油、干淀粉各适量。

炒四宝

妈咪巧手做：

1. 将豆腐干切成丁；毛豆仁、花生米分别洗净后焯一下水。

2. 炒锅烧热花生油，爆香葱末、沙茶酱，加入毛豆仁、花生米、胡萝卜丁及少许水炒熟。

3. 再放入豆腐干丁，调入食盐炒匀即可。

宝贝营养指南：

　　毛豆营养均衡，含有益的活性成分，其含铁丰富且易被人体吸收，可作为儿童补充铁的良好食物。花生营养全面，其锌和铁的含量也较多，常食有益于增强儿童的记忆力，滋补养血。

紫菜丸子

妈咪巧手做：

1. 将干紫菜泡洗干净后挤干水分，切碎；白菜末加食盐稍腌后挤干水分。

2. 将紫菜末、白菜末、胡萝卜丝、猪肉泥放入盆中，加入鸡蛋、姜粉、食盐、鸡精、香油，边搅拌边加入干淀粉，调制成紫菜蔬菜肉馅，制成若干个丸子。

3. 锅内放植物油烧至五成热，下入紫菜丸子煎炸至熟透即可。丸子做好后可直接食用，亦可加高汤蒸一下或炖汤时加入。

宝贝营养指南：

　　紫菜含碘、钙、铁非常丰富，有益于防治儿童贫血，促进骨骼健康。此菜营养全面，还有补肝肾、养脾胃、明眼睛、补脑力的作用。

食 材

嫩牛肉 100 克，鸡蛋 1 个，大米 100 克，卷心菜 50 克，枸杞子、葱花、清汤、料酒、食盐、淀粉各适量。

食 材

嫩牛肉 200 克，金针菇 100 克，熟鸡蛋 1 个，蒜末 5 克，花生油、鸡精、酱油、食盐各适量。

牛肉滑蛋粥

妈咪巧手做：

1. 将嫩牛肉洗净，切成丝，用淀粉、料酒拌匀；枸杞子用清水泡洗一下；大米淘洗后用清水浸泡 30 分钟；卷心菜洗净，切丝。

2. 粥锅置火上，放入清汤、大米，用大火煮开，转小火煮 30 分钟。

3. 把嫩牛肉丝、枸杞子、卷心菜丝、食盐放入粥中，大火煮开后撇去浮沫，再打入鸡蛋，待鸡蛋九成熟时撒入葱花，再稍煮即可。

宝贝营养指南：

　　牛肉有暖中补气、健脾胃、强筋骨的功效，加入含有丰富铁、锌的鸡蛋、枸杞子等食材，煮出的粥有补气血、健脑力、护眼睛的功效。

金针菇牛肉片

妈咪巧手做：

1. 将嫩牛肉洗净，切成薄片；金针菇洗净；熟鸡蛋去壳，将蛋黄和蛋白分别切成丁。

2. 锅内放入花生油烧热，爆香蒜末，放入牛肉片炒香，烹入少许水和酱油，用小火焖煮 10 分钟。

3. 加入金针菇同煮，调入食盐、鸡精继续焖至熟透，加入蛋黄丁和蛋白丁拌匀即可。

宝贝营养指南：

　　金针菇的氨基酸含量非常丰富，高于一般菇类，尤其是赖氨酸的含量特别高，赖氨酸具有促进儿童智力发育的功能。牛肉营养全面，儿童适量食用可促进生长发育，对身体调养、补充失血方面很有帮助。用焖、煮的方法烹制牛肉，能让牛肉更加软烂入味，易于消化。

毛豆五鲜蛋饼

食 材

鸡蛋3个，毛豆50克，胡萝卜丝、莴笋丝、火腿肠、水发黑木耳各30克，食盐、胡椒粉、花生油各适量。

妈咪巧手做：

1.将毛豆下入锅中煮熟，去外膜取毛豆仁待用；水发黑木耳、火腿肠切成丝。

2.将胡萝卜丝、莴笋丝、黑木耳丝放入开水中焯透后捞出，沥干水分。

3.将鸡蛋磕入碗中打散，加入毛豆仁、胡萝卜丝、黑木耳丝、莴笋丝、火腿肠丝、食盐、胡椒粉拌匀。

4.锅中放入花生油烧热，倒入调好的鸡蛋糊摊成圆饼状，小火煎至熟透盛出，切块后装盘。

宝贝营养指南：

　　毛豆含有丰富的膳食纤维、卵磷脂，有助于防治孩子便秘，改善记忆力和智力水平。毛豆和黑木耳都富含铁、钙、锌,且易被人体吸收。

PART ⑤

儿童护肝明目营养餐

baby food

3～5岁
儿童的眼睛保健

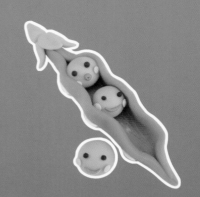

儿童随着年龄的增长，视力清晰度逐渐增加，要注意引导孩子健康用眼。如果出现近距离看电视或看书，眯眼或歪头看东西，经常揉眼睛，对视觉活动不感兴趣等情况，父母要及时给予正确引导。

不要用眼过度：儿童的眼睛还处于发育不完善、不稳定的阶段。进入幼儿期后，用眼大大增多，可能会导致视力下降和近视的发生。家长要注意限制孩子的近距离持续用眼时间，多让孩子眺望远处和辨认某个物体，这样有利于放松眼部，预防近视。

不要用手揉眼：儿童好动，小手经常弄脏，不经意间揉眼睛对健康是很不利的，会把一些病菌带进眼中，易引起眼睛发炎或感染发病。如果一只眼睛又红又痒，那么用手揉这只眼睛后又揉另一只眼睛，就会感染到另一只眼睛。因此，一定要教导孩子不要用手揉眼睛。

不要开灯睡觉，要少看电视：儿童在睡觉时不关灯会增加其患近视的可能性。父母要让孩子养成睡觉前关灯的习惯。也要少看电视，因为看电视时注意力集中，"目不转睛"

会让眼睛一直处于紧张状态，易造成视力疲劳，长此以往会导致近视。一般看电视30分钟后就应休息一下，看时不要离电视太近，屏幕的亮度要适当，晚上看电视时房间里要保持一定亮度。

眼部按摩：通过自我按摩眼部周围的皮肤、肌肉，达到刺激神经，增强眼部血液循环，松弛眼部肌肉，消除眼睛疲劳等目的。父母可经常帮孩子做一些眼睛保健的按摩，可起到放松眼部肌肉，消除视疲劳，预防近视的作用。

对养肝明目有益的营养物质和食物

要想孩子眼睛明亮，养肝护肝也很重要，这就需从膳食中摄入足够的营养物质，在保证营养全面的基础上，有几种营养素要特别注意。

维生素 A：缺乏维生素 A 会导致眼睛干燥、眼球转动不灵，严重者甚至会起白斑、角膜软化或溃疡。夜盲也是维生素 A 缺乏的早期症状。维生素 A 的主要食物来源为动物肝脏、蛋黄、全脂奶、深绿色叶菜和橙黄色蔬菜、水果等。

维生素 B_1：人体若经常缺乏维生素 B_1，会导致视力减退、看东西模糊、眼睛水肿、眼睛干燥、视网膜出血，严重者还会引起视神经炎。维生素 B_1 主要食物来源为瘦肉、花生、豆类、薯类、绿叶蔬菜等。

维生素 B_2：缺乏维生素 B_2 会使轻微的眼疾逐渐恶化。开始时眼睛只是怕光，在黑暗中视线模糊和流泪，一旦恶化，眼睛可能会充血或见光刺痛，睡觉时睫毛根部会积聚黏液甚至使眼角的皮肤破裂，眼睛红肿。儿童可从食物中充分摄取维生素 B_2，它的主要食物来源为蛋类、豆类、动物肝脏、牛奶、菌藻类等。

维生素 C：人体缺乏维生素 C 会使血管壁渗透性增加，造成出血倾向，引起眼部的血管、组织出血，引发视神经炎和视网膜炎。维生素 C 的主要食物来源为猕猴桃、山楂、枸杞子、白菜、番茄、茼蒿、菠菜等。

维生素 D：维生素 D 能促进人体对钙和磷的吸收，从而维持眼球巩膜的坚韧性。缺乏维生素 D 可引起先天性带状白内障、儿童高度近视、水泡性角膜炎或眼睑痉挛等。它的主要食物来源为动物肝脏、蛋类、牛奶等。

钙：钙元素可直接影响眼睛对光线的敏感程度，在人的视网膜觉察光线和将光线转换为神经信号的过程中起关键作用。缺钙会导致眼球转动不灵活，眼肌调节能力和恢复能力差，加深近视。钙的主要食物来源为牛奶、豆类及豆制品、海产品等。

硒：儿童很容易缺硒，而缺硒是孩子近视的主要原因，对于用眼过度者更易造成近视和其他眼疾的发生。硒对保护眼睛至关重要，是维持视力的重要微量元素，因为硒能清除晶状体内的自由基，保护晶状体，减少眼疾的发生。因此，补硒或保证硒的摄入充足是保证滋肝明目的根本。硒的主要食物来源为动物肝脏、蛋类、鱼类、贝类、豆类、蘑菇等。

大米芋头粥

食 材

大米 100 克，鲜芋头 100 克，枸杞子 3 克，冰糖适量。

妈咪巧手做：

1. 将大米、枸杞子分别洗净；芋头去皮后洗净，切成小块。

2. 粥锅中加入适量清水，烧开后下入大米再煮开，用小火煮 20 分钟。

3. 放入芋头块、枸杞子、冰糖，再煮 20 分钟即可。

宝贝营养指南：

　　大米粥有补脾、和胃、清肺的功效，有益于儿童的发育和健康；芋头有益胃宽肠、补益肝肾的作用，能改善身体虚弱状况；枸杞子可补虚护肝、滋阴补肾、益气安神。此粥为儿童调养身体之佳品。煮粥时也可用白砂糖或红糖代替冰糖。

红薯黑米粥

食 材

黑米 150 克，
红薯 100 克，
白砂糖 20 克。

妈咪巧手做：

1. 黑米淘洗干净后用清水浸泡 4 ~ 6 个小时；红薯去皮，切成丁。

2. 粥锅中放入泡好的黑米和水，用大火煮沸后转用小火，加入红薯丁一同熬粥。

3. 待粥熟米烂后加入白砂糖拌匀即可。

宝贝营养指南：

　　给孩子适当食用黑米有健脾暖肝、明目活血、开胃益中的作用，对改善孩子身体虚弱和防治贫血有良好的作用。加入红薯同煮，可提升营养利用率，还对防治便秘有一定帮助。

食 材

鲜牛奶 500 毫升，花生米 60 克，枸杞子 10 克，水发银耳 20 克，冰糖适量。

食 材

豆腐 100 克，苹果肉 60 克，香菇丁 20 克，杏仁 15 克，香油、食盐、湿淀粉各适量。

双色牛奶花生

妈咪巧手做：

1. 将花生米、枸杞子、水发银耳分别洗净；花生米下入沸水锅焯水后捞出。

2. 锅置火上，注入鲜牛奶，加入花生米、枸杞子、银耳同煮，煮至花生米熟烂，加入冰糖即可。

宝贝营养指南：

　　花生有补脑益智、养肝明目的作用；银耳能活血健脑、强肝益胃、益气清肺，提高免疫力；枸杞子可益肝肾、补气血、明眼睛。三者和牛奶组合，营养价值更高，宜作为孩子的加餐点心。

杏仁苹果豆腐羹

妈咪巧手做：

1. 将豆腐切成小块，用清水泡一下，和香菇丁一起入锅加适量水煮沸，加香油、食盐调味，用湿淀粉勾芡烧成豆腐羹。

2. 将杏仁去衣，苹果肉切成粒，同入搅拌器中搅成糊，加入豆腐羹中拌匀即可。

宝贝营养指南：

　　苹果、香菇对促进生长发育，尤其是大脑发育至关重要。和豆腐、杏仁组合，有补肝肾、健脾胃、健脑力的功效。

食 材

桂圆肉 50 克，莲子 30 克，枸杞子 10 克，水发银耳 20 克，鸡蛋 1 个，白砂糖适量。

桂圆莲子鸡蛋羹

妈咪巧手做：

1. 砂锅内加入适量水，放入桂圆肉、莲子煮开。

2. 加入水发银耳、枸杞子，烧开后用小火煮 20 分钟。

3. 将鸡蛋磕入碗中搅匀，淋入锅内，煮开后撇去浮沫，再加入白砂糖即可。

宝贝营养指南：

　　桂圆有补血安神、健脑益智、补养心脾的功效；莲子善补五脏不足，能通气血、补脑力、强心安神；枸杞子能护眼明目，可治肝血不足；银耳能提高肝脏的解毒能力，保护肝脏功能。

食 材

胡萝卜丝 100 克，鸡肝片 50 克，草菇丝 30 克，粳米 100 克，香菜末、香油、食盐各少许。

胡萝卜鸡肝粥

妈咪巧手做：

1. 将粳米、草菇丝、胡萝卜丝、鸡肝片一同放入锅内，加适量水煮粥。

2. 待粥熟烂时放入食盐搅匀，稍煮后加入香油、香菜末即可。

宝贝营养指南：

　　此粥可补血养血、护肝明目、健胃益脾，特别是对体倦乏力、消化不良、肝虚目暗等有调理作用。胡萝卜所含的大量胡萝卜素和鸡肝富含的维生素 A，都有护眼明目的作用；鸡肝含铁也很丰富，食之有利于补铁养血。

枸杞肝片粥

食材

大米 60 克，枸杞子
5 克，猪肝末 50 克，
清高汤适量，姜末、
香油、食盐、酱油
各少许。

妈咪巧手做：

1. 猪肝末加入姜末、酱油拌匀，腌渍 10 分钟；大米和枸杞子分别洗净。

2. 将清高汤倒入锅内，放入大米煮开，转小火煮粥，加入枸杞子，至粥快熟时放入猪肝末，继续煮至粥烂熟，加入食盐、香油即可。

宝贝营养指南：

　　枸杞子有补肾益精、养肝明目、抗衰老等功效；猪肝中丰富的铁能促进人体产生血红细胞，维生素 A 能维持正常生长，保护视力。枸杞子和猪肝搭配煮粥，可促进智力发展，益肝护眼。

番茄煮猪肝

食 材

猪肝50克，番茄60克，
洋葱末15克，高汤适量，
食盐少许。

妈咪巧手做：

1. 将猪肝洗净，切成小片；番茄用开水烫一下，去皮后切成小片。

2. 将猪肝片、洋葱末一同入锅，加入高汤以小火煮熟，再加入番茄片、食盐稍煮即可。

宝贝营养指南：

    猪肝中的各类营养物质含量都比猪肉高，特别是蛋白质、动物性铁和维生素A，是营养性贫血儿童较佳的调养食物，有益于补肝、养血、明目、护肤；番茄中的维生素充足，尤其是维生素C和维生素P的含量很高，可促进身体对铁的吸收和利用。

食 材

胡萝卜丝 250 克，面包 100 克，鸡蛋 2 个，白砂糖、植物油、面包糠各少许。

食 材

苦瓜 400 克，鸡肉粒 150 克，火腿粒 100 克，荸荠粒 50 克，鸡蛋 2 个，生菜丝 150 克，豆粉、食盐、白砂糖、香油、醋、椒盐、植物油各适量。

煎胡萝卜丝饼

妈咪巧手做：

1. 将鸡蛋打入碗内拌匀待用；面包捏碎待用。

2. 把白砂糖、面包碎放入容器中拌匀，再加入胡萝卜丝、鸡蛋液和少许水混合搅匀，做成数个小饼，表面再裹上面包糠。

3. 平底锅中倒入植物油烧热，放入胡萝卜丝饼煎熟即可。

煎苦瓜鸡粒饼

妈咪巧手做：

1. 将苦瓜去瓤，切成粒；生菜丝拌成糖醋味。

2. 将苦瓜粒、鸡肉粒、火腿粒、荸荠粒入碗，加鸡蛋、豆粉、白砂糖、香油、醋、食盐拌匀，做成若干个小饼。

3. 锅中烧热植物油，将苦瓜饼入锅煎熟，镶上生菜丝，煎至熟透后盛盘，撒上一点椒盐即可。

宝贝营养指南：

　　胡萝卜中丰富的胡萝卜素可在人体内转化为维生素 A，有利于保持视力正常，防治夜盲症和干眼症。给儿童吃胡萝卜有助于护肝明目，对促进其生长发育和增强免疫力有重要意义。

宝贝营养指南：

　　苦瓜的苦味能刺激人的味觉，帮助消化。此饼营养成分全面，有利目养肝、清心明目、强身健体、解除劳乏的作用。

食 材

烤（或炒）鳝鱼肉200克（切成小段），鸡蛋2个，高汤、食盐、儿童酱油各少许，植物油适量。

鳝鱼鸡蛋卷

妈咪巧手做：

1. 将鸡蛋磕入碗，加高汤、食盐搅匀，把1/3的蛋液倒入刷了植物油并烧热的平底锅内，摊成薄蛋饼，在蛋饼半熟时将适量鳝鱼肉均匀地铺在鸡蛋饼上，加入儿童酱油，卷成卷。

2. 锅内再刷油，倒入等量蛋液摊好，铺上鳝鱼肉，放入刚才卷好的蛋卷，按步骤1的顺序卷一遍，然后将剩余蛋液摊饼再按上述做法卷一次。

3. 趁热将煎好的鳝鱼蛋卷整好形，切成小段即可。

宝贝营养指南：

鳝鱼有补气养血、滋补肝肾的功效。它和鸡蛋都富含维生素A，对保护眼睛、消除眼疲劳、改善眼疾有益。

食 材

红枣8枚，鸡蛋2个，枸杞子和食盐各少许。

红枣杞子蒸蛋

妈咪巧手做：

1. 将红枣和枸杞子用清水洗净、浸软，再将红枣去核后切成小片。

2. 鸡蛋加入食盐搅匀，再加入少许凉开水拌匀，撒上红枣片、枸杞子。

3. 将调好的枣杞蛋液放入蒸锅，隔水蒸至嫩熟即可。

宝贝营养指南：

常吃红枣能保护肝脏、宁心安神、益智健脑。枸杞子富含枸杞多糖、蛋白质、游离氨基酸和全面的维生素、矿物质，有补肝肾、益精气、明目安神的功效。两者蒸蛋食用，能全面提升儿童的免疫力。

蛋香三丝

食 材

鸡蛋 3 个，粉丝、胡萝卜丝、藕丝各 100克，植物油 100 毫升，酱油 20 毫升，香油、食盐、鸡汁、葱花、香醋各适量。

妈咪巧手做：

1. 将鸡蛋磕入碗，搅散，加少许食盐搅匀，下入烧热植物油的锅中，炒至金黄后盛出。

2. 将粉丝用温水泡软，和胡萝卜丝、藕丝同入开水锅中焯透后沥干。

3. 将胡萝卜丝、藕丝、粉丝装盘，加入葱花和用所有调味料调制的味汁，再加入鸡蛋拌匀即成。

宝贝营养指南：

　　此菜有利于养肝明目，能促进大脑发育，增强儿童的记忆力。

鸡蛋肉卷

食 材

猪瘦肉泥 150 克，
鸡蛋 3 个，植物油
适量，酱油、食盐、
葱末、姜末、淀粉
各少许。

妈咪巧手做：

1. 将猪瘦肉泥加葱末、姜末和少许清水搅匀，再加入食盐、酱油调成馅儿。

2. 将 2 个鸡蛋磕入碗内，加一点儿食盐、淀粉搅匀，用少许植物油摊成 2 张薄蛋皮；另一个鸡蛋和淀粉混合，加水调和成蛋糊。

3. 将每张蛋皮从中间划开分成两半，铺在案板上，抹上蛋糊，铺匀肉馅，再卷成蛋卷，用蛋糊封口，下入烧热植物油的锅中炸熟后沥油，吸去表面油分，切成小段装盘。

宝贝营养指南：

瘦肉和鸡蛋可提供优质蛋白质，对肝脏组织损伤有修复作用，而且蛋黄中的卵磷脂还可促进肝细胞再生。

食 材

鸡中翅 6 个，枸杞子 10 克，花生油、
食盐、淀粉、姜丝、葱花、儿童酱
油各适量。

食 材

大米 200 克，老南瓜 750 克，
白砂糖 20 克。

红焖鸡翅

妈咪巧手做：

1. 将鸡中翅洗净，沥干水分，用少许食盐、
儿童酱油、淀粉拌匀。

2. 锅中放花生油烧热，放入鸡中翅炸至表皮
金黄时捞出。

3. 锅内留底油，炒香姜丝，放入鸡中翅炒匀，
加入酱油、枸杞子和适量清水烧开，小火焖烧
至熟透，再加入葱花和少许食盐即可。

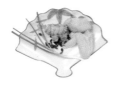

宝贝营养指南：

　　鸡翅含大量的维生素 A，对孩子的视力健
康、骨骼发育都有益。另有大量可强健血管及
皮肤的胶原蛋白及弹性蛋白等对血管及内脏颇
具补益功效。

米汤老南瓜

妈咪巧手做：

1. 将大米淘洗两遍，放入锅中加水用大火煮至
大米刚熟，过滤出米汤待用。

2. 将老南瓜去皮、瓤，切成长方块，撒上白砂
糖装盘，入锅以大火蒸 15 分钟后摆入汤碗中，
灌入热米汤即成。

宝贝营养指南：

　　从膳食中保证全面的营养补充，是眼睛健
康的基础。这道米汤老南瓜甜软香滑，有和胃、
养肝、润肺、美容的作用。南瓜营养全面，能
增强肝、肾细胞的再生能力，所含丰富的维生
素 A 对眼睛有保护作用。

PART 6

预防儿童偏食的营养餐

baby food

3 ~ 5岁儿童的健康调理营养餐

儿童偏食的类型和原因

偏食的四种类型

偏食是十分不良的饮食习惯，是一种在进食上的非正常状态，也很可能是形成其他不良饮食行为的直接因素，对于生长发育处在旺盛期的儿童有较大危害。但也有专家指出，对待儿童偏食并不是看他喜欢吃或不喜欢吃某类食物，而应看由此对身体健康的影响如何。其实，人对食物选择有相当大的余地，只要不导致身体营养失衡，就不一定是偏食。因此，对待儿童偏食应根据偏食对孩子的影响来区分对待。

心理性偏食： 这是一种营养可以获得补充的无害性偏食。有心理性偏食的孩子主要是因为习惯及心理因素而拒食某种食物。如果孩子拒食的食物不多，平时不会因拒食这类食物而导致营养不佳，而且营养可从其他食物中补充，或用类似食物代替，一般不会影响健康。

经验性偏食： 有可能造成体内营养失衡。有经验性偏食的孩子主要是凭经验和直觉来

拒食一些食物。一种情况是，可能在主客观因素影响下未能及时补充所需的营养，导致营养失衡而损害健康；另一种情况是，孩子可能从其他同种类食物中获得营养，基本维持营养平衡。比如有的孩子不吃猪肉，但是可以吃鱼肉、鸡肉。

过敏性偏食：这个偏食类型容易被家长忽视。现在的食物中所含致敏物质相对增多，易使免疫机能不够完善的儿童发生过敏反应，主要表现为轻重不同的肠胃不适、全身疲乏、烦躁不安和皮肤过敏等，导致孩子在餐桌上见到与引发过敏的食物的色泽、味道、形状相似的其他食物时，会产生拒食的心理。如果出现这类情况，家长需细心观察，找出过敏原，在一段时间内尽可能避免给孩子食用这种食物，从心理到生理逐步矫正过敏性偏食。

绝对性偏食：这类情况危害较大，产生的原因多而复杂，与孩子的心理、疾病、习惯等有密切关系。平时可见这类偏食儿童嗜食某种食物而不吃其他食物，可导致营养结构失衡而损害健康。对绝对性偏食的儿童束手无策时，可以求助专科医生，采取合理用药的方法对孩子进行治疗。家长还要通过心理调节和膳食调理慢慢让孩子扩大取食范围，逐步养成健康的饮食习惯。

孩子偏食的主要原因

造成偏食的原因是多种多样的，一般主要有以下几种：

无味型偏食：吃什么都无所谓，食欲欠佳，这可能与体内缺乏锌、铁有关。锌与人的味觉息息相关，长期缺锌就会出现味觉减退、舌炎、无食欲等症状。但当孩子偏食、挑食时，先不要急着专门补锌，应到医院检测后再决定是否补充锌剂。

口味挑剔型偏食：饮食较单调，或者父母不注意烹调的方法和食物的搭配及多样化，也易使孩子形成偏食。如天天给孩子吃蒸蛋，很少换花色品种，那当然会吃腻，进而引发偏食。

娇生惯养型偏食：此类偏食的起因源自于父母的错误引导，对孩子过分地娇纵，一味依着他的性子和想法，想吃什么就吃什么，以致"习惯"逐渐成自然而慢慢偏食。

物极必反型偏食：某些食物美味营养，家长就反复强势推荐给孩子，结果造成吃腻了或吃伤了，甚至导致消化道功能紊乱，这样孩子就会在潜意识里逃避这些食物，甚至产生反感。

回避型偏食：因为孩子对某些食物可能存在过敏现象，或者在不愉快的情境下被迫

吃了这种食物，这会使孩子对此种食物产生抗拒心理，并可能对与之相近的食物都产生抗拒，发生偏食现象。父母平时要细致观察并及时发现，才能避免这种情况。

因零食而造成偏食：偏食、挑食不是一朝一夕形成的。许多孩子喜欢吃零食，特别是薯片、炸鸡、巧克力等，吃零食如果无节制会影响正餐，吃饭时便挑挑拣拣，久而久之就形成偏食的习惯。尤其是爱吃精加工零食的孩子口味还会日益"刁钻"，更不易接受蔬菜素食类食物。

受父母饮食习惯的影响而偏食：孩子的饮食行为很大程度上是模仿父母，如果父母有偏食的习惯，孩子也很容易偏食。如果父母不经意地在孩子面前说不喜欢吃某种食物，或者家里很少买这种食物，孩子会因为吃到这种食物的机会少而不喜欢它，也会间接造成偏食。

预防和纠正儿童偏食的方法和常用食物

预防或纠正孩子偏食，父母应以身作则，树立好榜样，首先要做到自己不偏食、不挑食。在为孩子选择食物及烹调方法时，从口味、品种、做法上多考虑孩子的因素，以增加孩子对食物的接受度。一旦发现孩子有偏食、挑食的苗头，要重视并及时引导、纠正，但切不可用强迫、惩罚、哄骗、物质奖励等方法来简单处理。

让孩子接触天然食物。多准备新鲜、天然的健康食物，如低脂鲜奶、酸奶、红薯、杂粮饼干、全麦面包、新鲜水果及坚果，少吃（不吃）油炸食品、腌制食品、加工食品和糖果甜食、含糖饮料等。

与孩子互动并减少零食。父母可带着孩子一起去采购食品、一起做饭，引导他力所能及地摆放餐具和食物。合理安排和指导孩子吃零食，控制吃的时间、品种、数量，如生吃瓜果之类，就可以减少或取消其他精细的零食，有针对性地预防和纠正偏食。

精心准备食物。要让孩子乐于接受膳食，在饭菜品种的多样化及合理搭配上，在烹调的质量（包括色、香、味及造型）上，在选用餐具器皿上，父母都要精心地准备，这样才有助于孩子保持旺盛的食欲。选择食物时，营养全面、有益于健康的食物每天都应吃，如新鲜蔬果、新鲜肉类、谷类、奶类等天然原味食物。只提供热量，其他营养素含量较少的食物，只能偶尔让孩子满足一下，如巧克力、饼干、薯片等。

创造良好的用餐氛围。父母要尽可能安排好用餐氛围，如温馨的环境，不要让孩子边吃边玩，或边吃边看电视等。全家人最好一起用餐，这有助于慢慢地让孩子学会健康的饮食行为。可以允许孩子在合理的范围内选择喜欢的食物。如果有机会几个孩子共同进餐，可在饮食上进行一些评比、比赛活动，利用儿童的好胜心理来防止或纠正偏食的行为。

培养良好的饮食习惯。平衡膳食结构，配餐科学、合理、全面，用餐定时、定量（定点），这样的习惯加以坚持，久而久之便会让孩子养成习惯，并一到饭点时身体就会自动分泌消化液，产生饥饿感，闻到饭香便有了食欲。另外，在饭前或吃饭时不要喝饮料或吃零食。

另外，对于孩子偏食、挑食，应给予早期饮食预防和调理，日常食物选择上也有讲究，宜选用一些益气健脾、和胃化湿、开胃清食类的食物。

益气健脾类的食物有：粳米、山药、豌豆、鱼肉（如黄鱼、鳜鱼）、大枣、山楂等。

开胃清食类的食物有：苹果、荸荠、香蕉、山楂等。

和胃化湿类的食物有：蚕豆、玉米、芋头、栗子、山药、牛奶、南瓜、木瓜、圆白菜、胡萝卜、芒果、四季豆等。

食材

山楂片 20 克，薏米 30 克，大米 30 克，白砂糖适量。

消食粥

妈咪巧手做：

1. 将山楂片、薏米同放入炒锅，用小火炒热，碾压成粉；大米淘洗后用清水浸泡 2 小时。

2. 把碾压好的山楂薏米粉和大米放入砂锅内，加适量水用大火烧开，转小火煮粥。

3. 待粥烂熟时调入白砂糖拌匀，用勺子尽量将米粒压碎，再稍煮即可。

宝贝营养指南：

　　大米能补脾和胃、助消化；山楂片能增食欲、健脾胃；薏米可促进新陈代谢，减少肠胃的负担。此粥可健脾消食，对儿童厌食、偏食、消化不良都有改善的功效。

食 材

苹果2个，米饭150克，鸡腿肉粒50克，玉米粒30克，青豆粒15克，鸡蛋1个，花生油、食盐各适量。

苹果滋味饭

妈咪巧手做：

1. 将苹果从距离顶部1/4处切开，去掉核并挖出中间部分的果肉切成粒，苹果杯留用。

2. 将青豆粒用开水焯透；鸡蛋加少许食盐打匀，平底锅内加少许花生油摊成蛋饼，再切成丁。

3. 锅内放入花生油烧热，下入鸡腿肉粒、玉米粒、青豆粒炒熟，再放入苹果粒和米饭炒匀，加入食盐、鸡蛋丁炒入味，装入苹果杯中即可。

宝贝营养指南：

　　这道滋味饭造型可爱，口味、营养俱佳，可增进食欲，平衡营养摄取，促进发育。苹果中丰富的果胶纤维、果糖有消除不良情绪和提神醒脑的功效，有助于儿童健脑和保持愉快情绪。要选新鲜爽口的脆苹果，熟透了的苹果炒熟后口感不佳。

食　材

猪瘦肉 200 克，面粉 30 克，蛋黄 2 个，鸡蛋清（1 个鸡蛋的量），料酒、葱末、姜末、食盐、椒盐各少许，植物油适量。

虎皮丸子

妈咪巧手做：

1. 先将猪瘦肉切成小丁，然后剁成细末，加入葱末、姜末、食盐、料酒、鸡蛋清拌匀制成馅儿；将鸡蛋黄、面粉混合，加少许水和食盐搅匀成糊。

2. 将调制好的猪肉馅制成大小相等的小丸子，放入抹了植物油的蒸盘中，放入蒸锅中蒸 10 分钟。

3. 锅中放入植物油烧至五成热，把蒸好的丸子逐个挂上蛋黄面糊，下入油锅中，炸至表皮呈虎皮状时捞起装盘，撒上椒盐即可。

宝贝营养指南：

　　猪瘦肉鲜嫩易消化，可提供优质蛋白质、必需脂肪酸和血红素铁及促进铁吸收的半胱氨酸，能改善儿童缺铁性贫血。本菜有利于调节味觉、促进食欲，对改善偏食、厌食很有帮助。给孩子吃肉丸时要注意配一些蔬菜，荤素搭配是获得好营养、培养好的饮食习惯的根本。

食　材

山药 400 克，老豆腐 150 克，猪瘦肉末 100 克，绿茶粉 5 克，虾皮、食盐、干淀粉、湿淀粉、植物油各适量。

山药豆腐肉丸

妈咪巧手做：

1. 将老豆腐以纱布包紧挤去水分，研磨成豆腐泥后加入绿茶粉拌匀；山药去皮洗净，入锅蒸熟后先切成小块，再研磨成泥。

2. 将老豆腐泥、山药泥、猪瘦肉末一同装碗，加入食盐搅匀制成馅儿。

3. 锅中放入植物油烧热，取豆腐山药肉馅揉搓制成若干丸子，然后沾些干淀粉，逐个下入油锅中炸至将熟时捞出。

4. 另起锅烧热少许植物油，炒香虾皮，加入少许水和食盐，用湿淀粉勾芡，放入山药豆腐丸炒匀，挂上汁即可。

宝贝营养指南：

　　绿茶清香怡人，能提高免疫力，保护心肺脏；山药对缓解腹泻和促进食欲有作用；豆腐的优质蛋白质和矿物质、B 族维生素等含量十分丰富，可补脑益心，促进发育。三者加上猪肉做成的丸子，更能让 3 ～ 5 岁的儿童食欲大增，有助于摄取全面的营养素。

食 材

南瓜 300 克，糯米粉 200 克，
红豆沙 150 克，白砂糖 25 克，
植物油适量。

食 材

净鱼肉 300 克，熟咸鸭蛋黄
3 个，鸡蛋 1 个，食盐、料酒、
葱姜汁、淀粉、花生油各适量。

油煎南瓜饼

妈咪巧手做：

1.将南瓜去瓤后切成块，入锅蒸熟，晾凉后去皮，
取南瓜肉捣成泥状，加入糯米粉和白砂糖搓匀，
铺入笼屉蒸透，倒入刷有植物油的盆里，晾凉
后搓成条，揪成若干个剂子。

2.将南瓜剂子按扁擀薄，包入红豆沙，做成南
瓜饼，放入刷了植物油的平底锅中，煎熟即可。

宝贝营养指南：

　　南瓜、糯米和红豆都含有较丰富的锌元素，
糯米和红豆还含有较多的铁和钙。三者组合，
营养全面，对增进食欲、预防贫血有一定帮助。

蛋黄焗鱼条

妈咪巧手做：

1.将净鱼肉切成条，加食盐、料酒、葱姜汁拌匀；
淀粉加适量水，打入鸡蛋拌成淀粉蛋糊；熟咸鸭
蛋黄用勺子压成泥。

2.炒锅内放入花生油烧至六成热，将鱼肉条挂
匀蛋糊后下入锅中煎熟，出锅。

3.锅内留少许油，以小火炒匀压磨成泥的蛋黄，
放入鱼条，炒匀即可。

宝贝营养指南：

　　咸鸭蛋的营养全面，有大补虚劳、滋阴养血、
润肺美肤、明目平肝和改善食欲的作用，搭配鱼
肉做菜，对身体瘦弱、饮食不佳和有偏食倾向的
儿童来说，能让其食欲大增，并可开胃滋补、强
体健脑。孩子上幼儿园后感染病菌的机会增加，
保证膳食均衡以增强身体抵抗力很重要。

肉香藕夹

食材

鲜藕500克，瘦肉末150克，鸡腿菇末、黄豆芽末各25克，鸡蛋1个，蚝油20毫升，蒜末15克，酱油、食盐、鸡精、料酒、湿淀粉、植物油各适量。

妈咪巧手做：

1.将藕去皮洗净，切成厚薄一致的片，每两片之间不要切断，为连刀片；鸡蛋用少许油摊成蛋皮，切碎。

2.将瘦肉末和鸡蛋末、鸡腿菇末、黄豆芽末混合，加入酱油、食盐、料酒、鸡精拌匀成馅儿，均匀地塞入藕片中做成藕夹，下入热油锅中炸香后盛出。

3.锅留底油，下入蒜末、蚝油炒匀，用湿淀粉勾芡，淋在藕夹上，再入锅蒸透即可。

宝贝营养指南：

　　藕能增进食欲、促进消化、开胃健中，富含铁、钙等矿物质和植物蛋白质、维生素及淀粉。莲藕中加入菜肉馅料做成藕夹，荤素平衡，更能让孩子食欲大开，有助于健脾补气，改善偏食，增强免疫力。

猕猴桃炒虾球

食 材

鲜虾仁150克，鸡蛋1个，猕猴桃100克，胡萝卜50克，食盐、湿淀粉各少许，花生油适量。

妈咪巧手做：

1. 将鲜虾仁挑去泥肠，洗净；鸡蛋磕入碗中打散，加入虾仁和少许食盐、湿淀粉搅拌上浆；猕猴桃剥皮，切成大丁；胡萝卜削皮洗净，切成大丁。

2. 炒锅置火上，倒入花生油烧至四成热，放入虾仁滑油至卷起时捞起。

3. 锅中留少许油，放入胡萝卜丁翻炒片刻，再加入虾仁、猕猴桃丁炒香，调入食盐炒匀即可。

宝贝营养指南：

　　猕猴桃的维生素含量非常高，还含有可溶性膳食纤维，对增加机体免疫力、促进心脏健康和帮助消化很有益。同时猕猴桃还有稳定情绪的作用，把其巧妙搭配在菜肴中，可增加孩子的进食兴趣，改善食欲不振，还能提高钙、铁、锌等各种矿物质的摄取和吸收。

食 材

草鱼肉 400 克，香醋、食盐、蒜泥、香油各适量。

食 材

净鲮鱼肉 300 克，鸡蛋清（1 个鸡蛋的量），柠檬 30 克，植物油 15 毫升，料酒、米醋、食盐、淀粉、湿淀粉、白砂糖、姜汁各适量。

鲜汆鱼片

妈咪巧手做：

1. 将草鱼肉洗净，剔净刺，片成薄片；将香醋、食盐、蒜泥、香油混合在一起，加少许凉开水调匀，做成调味汁。

2. 锅内放水烧开，下入草鱼肉片汆烫至熟，捞出装盘，倒入调味汁拌匀即成。

宝贝营养指南：

　　鱼肉属高蛋白、低脂肪，维生素食物、矿物质含量丰富，肉质鲜嫩，易消化，能增进食欲。儿童常食鱼肉，开胃滋补，明显有利于生长发育和智力发展，对改善偏食和食欲不振也很有帮助。本菜中加入蒜泥，可杀菌消毒，更有利于增加食欲。每周给孩子吃两三次鱼肉对生长发育很有益处。

柠汁鱼球

妈咪巧手做：

1. 将柠檬切片后挤汁，柠檬片留用；鲮鱼肉剁成泥，加料酒、食盐、柠檬汁拌匀，再加入鸡蛋清、淀粉拌匀。

2. 取蒸盘抹上植物油，用挖球器将鱼泥挖成球，盛盘，蒸 20 分钟。

3. 锅中烧热少许植物油，加入米醋、姜汁、柠檬片、食盐、白砂糖和少许水烧沸，用湿淀粉勾芡，取汁浇在鱼肉丸上即可。

宝贝营养指南：

　　此菜酸甜可口，嫩滑鲜美。鲮鱼肉细嫩鲜美，富含蛋白质、维生素A、钙、镁、硒等营养素，有益气血、健筋骨、改善脾胃虚弱之功效。柠檬气味芳香，能增鲜提味，使口感更加细嫩鲜美。

食 材

土豆 300 克，猪瘦肉丁 50 克，青椒丁 30 克，面粉 30 克，食盐、酱油、白砂糖、湿淀粉、葱末、姜末、花生油各适量。

红烧土豆丸子

妈咪巧手做：

1. 将土豆洗净煮熟，去皮，加入面粉、食盐、葱末和少许水，捣碎研磨成泥。

2. 锅中烧热花生油，将土豆泥挤成蛋黄大小的丸子，下锅炸至金黄时捞出沥油。

3. 锅内留少许油，用姜末炝锅，下猪瘦肉丁、青椒丁炒香，加入酱油、食盐、白砂糖、少许水和土豆丸子炒香，用湿淀粉勾芡即成。

宝贝营养指南：

　　此菜美观诱人，丸子口感软糯、细腻、香甜。土豆营养素齐全，含有大量淀粉和蛋白质、纤维素、B 族维生素、维生素 C 及多种微量元素，能促进脾胃的消化功能，防治儿童消化不良和便秘，维护心脏功能，用土豆做成丸子更能激发儿童的食欲。

　　土豆是一种碱性蔬菜，常食有助于调节人体内的酸碱平衡，有益于纠正儿童偏食、过食肉类等酸性食物而造成的情绪波动等不良症状。

食 材

净鱼肉 200 克，猪肉末 30 克，荸荠末、香菇末、番茄酱各 50 克，鸡蛋 2 个，花生油、食盐、醋、姜末、葱段、白砂糖、干淀粉、湿淀粉、料酒、鲜汤各适量。

茄汁鱼卷

妈咪巧手做：

1. 将净鱼肉切成大薄片，加食盐、料酒、姜末腌一下；荸荠末、香菇末和猪肉末混合，加食盐、鸡蛋清、干淀粉拌成馅儿。

2. 将鱼片裹上馅儿，卷成卷，抹上 2 个鸡蛋的蛋清，沾上干淀粉，入热油锅炸一下。

3. 另起油锅，炒香番茄酱、葱段，加入鲜汤、食盐、白砂糖、醋、湿淀粉烧成浓汁，下入炸好的鱼卷烧透即可。

宝贝营养指南：

　　适宜儿童经常食用的淡水鱼包括鲤鱼、草鱼、大头鱼、鲫鱼、鳜鱼、鲈鱼等，海水鱼包括黄鱼、鲑鱼、鳕鱼等。此鱼卷开胃、滋补、营养丰富，对维持身体健康和防治偏食很有帮助。

五彩蔬菜冻

食 材

豆苗、水发海带丝、豆腐皮丝、胡萝卜丝、红甜椒丝各50克,土豆丝150克,鱼胶粉30克,鸡汁、食盐各适量。

妈咪巧手做:

1. 将豆苗洗净,用沸水焯熟;水发海带丝、豆腐皮丝、胡萝卜丝、红甜椒丝、土豆丝都放入沸水锅中煮熟,沥干。

2. 锅中加入 400~500 毫升水烧开,加入鱼胶粉搅匀,煮至完全溶解,加入鸡汁、食盐调味,待凉备用。

3. 将鱼胶液倒一层入平底碗,放入各种蔬菜丝,再倒一层鱼胶液,放一层蔬菜丝,然后再倒入一层鱼胶,放凉后入冰箱冷藏至完全凝固成果冻状时脱模,切成小块即可。

宝贝营养指南:

本菜以多样蔬菜、豆制品组合,做法新颖,既能补充营养,又能激发孩子的食欲。换成不同的水果还可做成五彩水果冻。

食材

猪瘦肉末 200 克，黄花菜 20 克，枸杞子 10 克，料酒、酱油、香油、淀粉、食盐各适量。

黄花枸杞肉饼

妈咪巧手做：

1. 将黄花菜泡发，择洗干净，与猪瘦肉末、枸杞子一起剁成泥状，装碗后加入料酒、酱油、香油、淀粉、食盐搅拌至发黏。

2. 将剁好的猪肉泥放入刷了香油的盘内摊平，入锅隔水蒸熟，改刀切块即可。

宝贝营养指南：

这款辅食有极佳的健脑抗衰及安心神的作用，能很好地调节精神疲劳。它将明目护肝的枸杞子同可强壮身体的猪肉一起入菜，对体力、精神的调节大有裨益。

莴笋拌猪肝

食 材

莴笋片 200 克，熟猪
肝片 150 克，熟芝麻、
香菜末各少许，食盐、
鸡汁、酱油、香醋、
蒜泥、香油各适量。

妈咪巧手做：

1. 将莴笋片用开水焯透，过凉后装盘，放上熟猪肝片。

2. 在蒜泥中加入食盐、鸡汁、酱油、香醋、香油调匀，浇在猪肝莴笋片上，撒上熟芝麻、香菜末，拌匀即可。

宝贝营养指南：

　　莴笋能改善消化系统和肝脏的功能，保护心血管，促进食欲。适当吃猪肝可改善贫血，明目养眼，保护眼睛和视力健康，有良好的养肝补血功效。但动物肝不宜吃得太多，一般每周不超过 2 次为好。